U0416981

北方民族大学文库

基于水果电物理特性的无损伤检测技术

马海军　著

国家自然科学基金项目（31360468、30471001）　资助出版

科学出版社

北京

内 容 简 介

无损伤检测技术是一门新兴的综合性应用技术。实现果品无损伤检测，创建果实内在品质快速无损检测方法及途径，关键在于确立标志果实内在品质的特征指标（体系）。本书以"富士"苹果和枸杞为试材，应用LCR电子测试仪（日产）、生理生化技术、灰色系统理论与方法，对上述两种果实的生理生化特性与电学特性关联机理进行研究，建立标志苹果和枸杞品质特性（电特性和生理特性）动态变化的数学模型。研究结果证明了用电学参数标志苹果采后病害和机械损伤响应以及进行枸杞产区识别和品种识别的可行性，为创建果实质量的无损伤检测新技术和进一步研制开发果实品质的无损检测仪器提供了一定理论依据，也为目前困扰枸杞产业的产区识别、品种识别提供了有力的电物理理论支撑。

本书可供食品科学与工程、农产品检测等专业的高校师生阅读，也可为从事果品无损伤检测工作的技术人员提供参考。

图书在版编目(CIP)数据

基于水果电物理特性的无损伤检测技术 / 马海军著. —北京：科学出版社，2018.9

ISBN 978-7-03-058676-6

Ⅰ. ①基…　Ⅱ. ①马…　Ⅲ. ①苹果-无损检验　Ⅳ. ①TG115.28

中国版本图书馆CIP数据核字（2018）第200858号

责任编辑：祝　洁　亢列梅 / 责任校对：郭瑞芝

责任印制：张　伟 / 封面设计：陈　敬

科学出版社出版

北京东黄城根北街16号

邮政编码：100717

http://www.sciencep.com

北京厚诚则铭印刷科技有限公司 印刷

科学出版社发行　各地新华书店经销

*

2018年9月第　一　版　开本：720×1000　1/16

2020年4月第三次印刷　印张：10 3/4

字数：163 000

定价：88.00元

（如有印装质量问题，我社负责调换）

作 者 简 介

马海军，男，1974 年生，博士，北方民族大学副教授，硕士生导师，高级酿酒师，国家级二级品酒师。主要从事果树栽培生理和园艺产品的无损伤检测方面的研究工作。参与中日国际合作项目、国家科技支撑计划项目等。主持国家自然基金项目“宁夏枸杞发育及贮藏中电物理特性与生理活性关联机理研究”、宁夏自然科学基金重点项目“宁夏不同产区枸杞电物理特性差异研究”等国家级、区级科研项目 6 项。在《农业机械学报》《西北植物学报》《西北农林科技大学学报》《西北林学院学报》等核心期刊上发表学术论文 30 余篇。获批专利 2 项。

前　言

无损伤检测技术（简称无损检测技术）是一门新兴的综合性应用技术。它是在不损坏被检测对象的前提下，运用各种物理学的方法如热、声、光、电、磁等来探测物料性质和数量的变化。该方法既可以保证样品的完整性，检测速度相较传统的化学方法更加迅速，而且能有效地判断出从外观无法得出的样品内部品质信息。根据检测原理不同，无损检测大致可分为光学特性分析法、声学特性分析法、机器视觉技术检测方法、电学特性分析法、电磁与射线检测技术等五大类。

目前，我国对果实质量（如成熟度、内部品质等）的检测主要采用外观颜色的目测法和依据果实机械特性及化学成分等的化学检验法。目测法科学性差、效率低；化学检验法不仅会对果品造成损伤，而且会产生污染。因此，果品质量的快速无损检测一直是国内果实采后生理研究领域的一大难题。我国与发达国家在水果质量检测及处理手段方面存在着巨大差距。据统计，我国每年因检测及处理手段落后而引发的腐烂变质和品质下降造成的直接经济损失，仅苹果一项就高达数千万元。

运用无损在线检测技术不仅可以解决这一难题，而且会丰富果实采后生理学研究内容，更会对传统的果实分类、分级方法带来新的突破。对水果最佳采收时期的确定、在贮藏或加工前对内部缺陷水果的发现与剔除以及在流通和销售环节上科学的质量检测等，不但可以有效保证每一个产品的质量，而且可以获得人工和普通分选方法所不能达到的目标，具有广阔的应用前景，将对我国的水果生产、贸易及深加工等产生积极的推动作用。创建果实内在品质快速无损检测方法及途径，关键在于确立标志果实内在品质的特征指标（体系）。果实的成熟与衰老过程不仅包含诸多复杂的生理生化过程，而且伴随着许多物理特性的变化。近几十年来，国外学者开始将成熟与衰老过程中果实组织的物理特性变化与其生理生化变化联系起来进行研究，以物理参数作为标志果实内在品质的指标，目前已成为国际上的研究热点之一，并研发出多种检测仪器并投入实际应用。

电磁特性检测技术是利用样品在电磁场中电、磁特性参数的变换来反映样品的性质。该方法所需设备相对简单，数据的获取和处理比较容易，因此，其应用前景较广阔。目前国内对水果电学特性的研究刚刚起步，关于苹果特别是伤害和病害导致的果实电物理特性的响应研究几乎是空白，对机械伤害防御机制以及茉莉酸提高植物抗逆性的机理了解尚不足，还鲜见苹果电学特性对碰伤和病害的响应以及茉莉酸在苹果损伤机理方面影响的报道。而国内外对于不同产区、不同品种枸杞鲜果电物理研究甚少。基于此，作者依托国家自然科学基金项目“果实成熟衰老过程中电特性与生理生化变化关系的研究”（30471001）和“宁夏枸杞发育及贮藏中电物理特性与生理活性关联机理研究”（31360468），通过系统研究苹果和枸杞鲜果不同状态下电物理特性的变化以及电物理特性指标与生理活性指标间的相关性，从而筛选标志苹果和枸杞鲜果内在品质的敏感电物理参数。本书成果对于揭示苹果和枸杞鲜果成熟与衰老的电物理变化机理，丰富苹果和宁夏枸杞的研究内容等具有重要的理论意义；对于创建苹果和宁夏枸杞质量检测的新途径，开发苹果和枸杞质量检测的新技术也具有广阔的应用前景。鉴于电参数分析法具有其他方法所不具备的快速、准确、无污染以及可实现计算机控制等特点，其应用前景将非常广阔。

全书共 7 章，第 1 章为绪论；第 2～5 章重点介绍作者在苹果无损检测方面开展的研究；第 6 章对作者近 4 年来在宁夏枸杞电学特性检测方面开展的研究进行了总结；第 7 章为结论、创新点及展望。本书撰写过程中得到了西北农林科技大学生命科学学院张继澍教授的大力支持，同时得到了陈连兵、黄帅、王海兰、罗丹、陈苏、葛宏达、马淑琴等学生的帮助，在此表示衷心的感谢！本书撰写过程中参考了大量文献，在此向相关作者表示诚挚的谢意！

由于本书内容所涉及的学科较广，加之作者水平有限，书中不足之处在所难免，敬请广大读者批评指正！

目 录

第1章 绪　论

1.1 基于水果物理特性的无损检测技术研究进展

近年来，随着人们对水果需求量的提高，国内外水果品种增多，产量逐年上升，人们对水果品质也有了更高的要求。我国加入世界贸易组织（World Trade Organization，WTO）后，水果走向世界的关税壁垒逐渐被技术壁垒所取代，水果的功能性和安全性越来越受到重视。同时，果农、政府监管机构和消费者对水果品质分析手段的要求，则向着实时、快速、无损的方向转变。在这一背景下，新型、快捷、高效的检测技术及仪器设备成为这一领域的重大科技需求。以近红外光谱和机器视觉等为代表的无损检测技术和根据这些原理开发的新型检测方法成为当前的研究热点。与之相关的化学计量和智能识别等新技术也不断向水果质量安全领域延伸，为深入开展水果质量无损检测技术研究提供了必要手段和理论依据（潘立刚等，2008）。

无损伤检测技术（nondestructive determination technologies，NDT）简称无损检测技术，是一门新兴的综合性应用技术。该技术运用各种物理学的方法如热、声、光、电、磁等来探测物料性质和数量的变化。该方法不但保证了样品的完整性，检测速度快，而且能有效地判断出从外观无法得出的样品内部品质信息（莫润阳，2004）。根据检测原理，可将无损检测大致分为光学特性分析法、声学特性分析法、机器视觉技术检测方法、电学特性分析法、电磁与射线检测技术等五大类（潘立刚等，2008）。

1.1.1 基于水果光学特性的无损检测技术研究进展

由于水果或蔬菜的内部成分及外部特性不同，其在不同波长的射线照射下会有不同的吸收或反射特性，且吸收量与果蔬的组成成分、波长及照射路径有关。根据这一特性结合光学检测装置能实现水果和蔬菜品质的无损检测（张立彬等，2005）。

1. 可见/近红外光谱无损检测技术研究进展

NIR（near infrared）是近红外光的英文缩写，近红外光的波长为800～2500nm，略高于可见光（波长400～750nm）。当近红外光用于果实检测时，NIR有反射模式和透射模式两种。当近红外线照射在果实上时，果实中构成糖和酸的官能团（如—CH、—OH、—NH）能吸收NIR中与分子固有振荡频率一致的、特定的光线，而其他官能团则不能吸收。近红外法就是利用上述性质，从被吸收的光中无损坏检测糖、酸、水分和叶绿素等成分的一种技术（郭文川等，2001）。

水果品质的近红外检测就是指在不破坏水果外形的前提下，进行水果着色度、糖度、酸度、水分、坚实度、可溶性固形物等参数的测量。从20世纪60年代开始，近红外光谱法（near infrared spectrometry，NIRS）逐渐应用到水果品质检测中。经过50多年的研究，NIRS可以检测苹果、梨、桃、柑橘、草莓等多种水果的品质（付兴虎，2007）。

近几年来，利用NIR技术进行水果内部品质的检测逐渐引起人们的兴趣，正在形成一个新的热点研究领域。Sohn和Rae（2000）对“富士”苹果研究后得出的模型在波长1100～2500nm相关系数（R^2）为0.71。Renfu（2001）用近红外反射光谱无损测量“Hedelfinger”和“Sam”两个品种甜樱桃的硬度和糖度，采集在800～1700nm的NIR光谱数据，用偏最小二乘法建立甜樱桃硬度和糖度的预测统计模型。结果显示，模型对“Hedelfinger”和“Sam”两个品种甜樱桃的硬度预测对应的r值为分别为0.80和0.65，预测标准差（standard error of prediction，SEP）分别为0.55N和0.44N；模型对甜樱桃糖度预测的SEP值分别为0.71°Brix和0.65°Brix。McGlon等（2002，2003）在500～1100nm波长范围内，分别比较了“Royal Gala”苹果采后和冷藏6周后所建模型的优劣。结果表明：贮藏6周后建立的可溶性固形物含量（soluble solid content，SSC）模型明显优于采后建立的SSC模型，其主要原因是采摘后样品受到生理热等影响，性质不稳定。Schmilovitch等（2000）报道了在1200～

2400nm 用 NIR 对杧果硬度的预测，预测模型相关系数（R^2）为 0.82，预测均方根误差（root mean standard error of prediction，RMSEP）为 17.1N，该结果后来被 Mahayothee 等验证。Mahayothee 等（2004）运用 NIR 技术在 650～2500nm 区间对两个杧果品种得到了一个相似的硬度预测模型，模型 $0.67 < R^2 < 0.85$，25.8N < RMSEP < 54.5N。Valero 等（2004）发现苹果的硬度和苹果组织的散射特性在 670nm、750nm、800nm、900nm 和 950nm 有很明显的相关性。Lu（2004）在选择 NIR 波长时结合多波长散射光方法及神经网络模型预测了苹果的硬度，模型的 R^2=0.76，SEP=5.8N。Zude 等（2006）在可见光范围内（400～700nm）结合光学和声学脉冲方法测量得到两个苹果品种硬度的调整模型和刚性因子值，模型的 R^2 为 0.75～0.93，交互验证标准差为 7.7～11.3N/cm^2。2004 年，McGlone 和 Martinsen 对高速运动（0.5m/s）的完整苹果的干物质含量进行透射检测，并建立了苹果的干物质预测模型，其结果为 LAS（R^2 = 0.87，RMSEP = 0.43%），TDIS（R^2 = 0.81，RMSEP = 0.48%）。2005 年，McGlone 等应用两种近红外在线检测系统对“Braeburn”苹果的内部褐心面积的百分比进行了无损检测。LAS 系统最好的结果为 R^2 = 0.88，RMSEP = 4.7%；TDIS 系统最好的结果为 R^2 = 0.75，RMSEP = 7.6%。Nicolaï 等（2006）应用 NIR 和偏最小二乘（partial least square，PLS）法对苹果苦痘病检测数据所建模型进行分析后指出，模型能很好地预测苦痘病，还能鉴别采收后肉眼无法观察到的苦痘病。Gómez 等（2006）用可视近红外检测法（Vis-NIRS）检测了温州蜜柑“Zaojin Jiaogan”的硬度、SSC 和 pH，PLS 法和主成分回归（principal component regression，PCR）法建立的模型显示，SSC 预测的 r 和 RMSEP 分别为 0.94°Brix 和 0.33°Brix，pH 和硬度的 r 和 RMSEP 则分别为 0.80 和 0.18 及 0.83 和 8.53。该结果表明，通过该技术在 400～2350nm 对蜜柑质量检测是完全可行的。Li 等（2007）认为该技术在杨梅（Chinese bayberry）品种的分类上有很大的应用潜力。McGlone 等（2007）采用 Vis-NIRS 对黄肉猕猴桃干物质含量、可溶性固形物含量及果肉颜色进行的检测显示，该方法的检测精度分别为±0.40%、±0.71%和±1.05°。Sinelli 等（2008）用

NIR 来评估两个越橘品种“Brigitta”和“Duke”的成熟指数和营养参数，通过偏最小二乘法建立的模型显示，总酚含量、总类黄酮和总花青素含量的校正均方根误差（root mean standard error of calibration，RMSEC）和预测均方根误差（RMSEP）分别为−0.14mg 儿茶酚/g 和−0.18mg 儿茶酚/g、−0.20mg 儿茶酚/g 和−0.25mg 儿茶酚/g、−0.25mg 儿茶酚/g 和−0.22mg 儿茶酚/g，最后指出，该技术不仅实用而且节省检测时间和成本。Pérez-Marín 等（2009）用 NIRS 检测了树上的油桃和冷库中的油桃，结果显示有很好的精确度，SSC（$R^2 = 0.89$；SEP = 0.75%～0.81%）、硬度（$R^2 = 0.84$～0.86；SEP = 11.6～12.7N），并认为油桃的质量变化参数可以通过无损仪器检测。Bureau 等（2009）用 NIR 在 800～2500nm 对杏果的质量进行了检测，结果显示，波长与 SSC 和 TA（total acid）含量有很高的相关性，相关系数分别为 0.92 和 0.89，预测模型的均方根误差则分别为 0.98% Brix 和 3.62meq/100g FW，对其他的质量特性如硬度、乙烯含量、单糖含量和有机酸含量，该模型的精度较差。Camps 和 Christen（2009）运用 NIR 对杏果的 SSC、TA 和硬度（Fi）进行了测定，对建立的模型进行分析后得出，SSC、TA 和 Fi 的均方根误差的交叉验证值分别为 0.67～1.10°Brix、0.79～2.61g/100mL 和 6.2%～13.0%，对应的 R^2 分别为 0.88～0.90、0.73～0.97 和 0.85～0.92，也就是说 NIR 可以用于杏果质量的检测。Valente 等（2009）在可吸收波长内将 NIR 与声学检测法结合预测杧果的硬度，得到的偏最小二乘回归模型相对于有损检测而言，对刚性因子在不同阶段成熟的杧果有更好的预测。Liu 等（2010）研究指出，Vis-NIR 可以很好地预测脐橙的 SSC。

国内有关研究人员在利用 NIR 技术进行水果品质测定方面也进行了大量的研究。韩东海等（2004）通过密度法和自行研制的水心病检测仪器对苹果样品进行检测。结果表明：把近红外 810nm 的计算透光强度 25000 作为界限值可以将好果（1 级）与 3、4 级果完全分离，2 级果有 29%分离。在 2006 年，该研究小组应用 NIR 技术对苹果内部褐变进行研究后指出，选择 715nm、750nm、810nm 3 个特征波长进行褐变果判别分析样品的正确判别率达到 95.65%（韩东海等，2006）。张海东等

（2005）采用正交信号校正（orthogonal signal correction，OSC）法对苹果的近红外光谱（1300～2100nm）进行预处理，并结合偏最小二乘（PLS）法建立了苹果光谱对糖度的预测模型。此后，他们将用于纯组分定量分析的混合线性分析法的一种变形算法（HLA/XS 法）移植到苹果糖度这一非纯组分含量指标的近红外光谱检测中，并与偏最小二乘（PLS）法进行比较。结果表明：在诸如苹果糖度这一类农产品品质综合指标（非纯组分含量指标）的光谱检测中，应用混合线性分析法（HLA/XS 法）进行定量分析是可行的，并且其结果与偏最小二乘（PLS）法的结果相同（张海东等，2006）。李晓丽等（2006）先应用可见-近红外光谱仪测定三个品种水蜜桃的光谱曲线，再用主成分分析法对不同品种样本进行聚类分析，经过主成分分析得到的前 8 个主成分的累积可信度已达 94.38%，从 75 个样本中随机抽取 60 个样本用于建立 8 个主成分变量的多类判别分析品种鉴别模型准确率为 100%，说明 NIR 方法具有明显的分类和鉴别作用。何勇和李晓丽（2006）用主成分分析法对四个典型的杨梅品种进行聚类分析，获取杨梅的近红外指纹图谱，再结合人工神经网络技术进行品种鉴别。结果表明，杨梅品种识别准确率达到 95%，说明综合主成分分析和人工神经网络方法具有很好的分类和鉴别作用。马广等（2007）应用近红外漫反射光谱定量分析技术开展了金华大白桃的糖度检测试验研究，用偏最小二乘回归（partial least square regression，PLSR）方法在 800～2500nm 光谱范围建模，最终建立桃子果肉平均光谱经多元散射校正和矢量归一化散射校正后与糖度的相关模型，该研究表明近红外光谱检测技术可用于金华大白桃糖度的定量分析。夏俊芳等（2007a）利用不同分解水平的 Daubech ies3 小波变换，对 100 个柑橘整果样品的近红外光谱信号进行了消噪处理，并利用消噪后的重构光谱对柑橘维生素 C 含量进行了偏最小二乘法交叉验证。结果表明：小波消噪后建立的近红外光谱模型能准确地对柑橘维生素 C 含量进行无损快速的定量分析。同时，他们还指出，小波消噪是脐橙维生素 C 含量近红外光谱无损检测的有效光谱预处理方法（夏俊芳等，2007b）。刘燕德等（2008）基于可见/近红外漫反射光谱定量分析技术对南丰蜜橘的可溶性固形物含量进行实验研究，采用偏最小二乘法对南丰蜜橘完整果和果肉的可见/近红外光谱进行了分析，并且比较和讨论了不同光谱预处理的建模结果。实验结果表明：在波长范围350～1800nm，一阶微分光谱所建模型效果最佳，其中完整果所建校正模型的预测相关系数为0.825，预测均方根误差为0.899；果肉所建校正模型的预测相关系数为0.893，预测均方根误差为0.749。虞佳佳等（2008）提出了一种用近红外光谱技术结合遗传算法和人工神经网络模型的杧果糖度、酸度快速无损检测的新方法。李东华等（2009）为确定南果梨糖、酸度，利用可见-近红外光谱模型，对不同贮藏期南果梨的适用性和适用时间进行了糖、酸度和光谱变化的方差分析，利用偏最小二乘（PLS）法建立采后6d的南果梨糖、酸度模型。实验结果表明：模型能满足一定贮藏时期内样品的预测要求，为南果梨近红外分级技术的应用提供了依据。蔡健荣等（2009）为了探寻一种快速无损检测猕猴桃糖度的方法，利用小波滤噪法对猕猴桃1000～2500nm近红外光谱进行了预处理，并用偏最小二乘（PLS）法、区间偏最小二乘（iPLS）法和联合区间偏最小二乘（siPLS）法分别建立预测模型。结果表明：采用联合区间偏最小二乘法将光谱划分为16个子区间，利用其中的第9、11、13号3个子区间联合建立的糖度模型效果最佳，其校正集相关系数和均方根误差分别为0.9414和0.3788，预测集相关系数和均方根误差分别为0.9295和0.3904。张淑娟等（2009）采用近红外光谱分析技术无损鉴别3个品种的鲜枣并测定其可溶性固形物含量；采用平滑法和多元散射校正方法对样本数据进行预处理，建立3层人工神经网络鉴别模型，并用该模型对15个预测样本进行预测。结果表明：在阈值设定为±0.17的情况下，该模型对预测集样本品种鉴别准确率达到100%，可溶性固形物含量预测值与实测值相对偏差小于10%。

2. X射线检测技术研究进展

X射线是一种很短的电磁波，波长范围为10^{-12}～10^{-8}，较紫外线短，但比γ射线长。与其他电磁波一样，X射线能产生反射、折射、散射、衍射、干涉、偏振和吸收等。X 射线具有穿透能力，在穿透不透明物质的过程中会被物质吸收和散射，从而引起射线能量的衰减（韩平等，2009）。通过 X 射线捕获射线的穿透特性，可以得到样品的透射图像和断层图像，进而探明物质的内部结构，穿透的程度主要取决于其品质密度与吸收系数；通过捕获射线与样品作用产生的荧光和衍射效应，可以检测到样品所含元素的情况，尤其是重金属含量（潘立刚等，2008）。X 射线检测技术原本是为检测一些不易拆卸分解的大型构件或机械零件的内部缺陷而开发的，在工业无损检测中的应用已日趋成熟，近年来已被成功地应用到农产品加工领域。由于 X 射线对物体有较强的穿透能力，所形成的 X 射线图像可以反映农产品的内部质构变化，对其内部的空洞、虫害、水分及食品中的异物检测有得天独厚的优势，受到国内外学者的广泛关注。

Thomas 等（1995）将 X 射线成像技术用于杧果象鼻虫的检测上，并指出该技术的可靠性。1997 年，Shahin 和 Tollner 用 X 射线扫描图像提取与苹果水心有关的图像特征，建立了模糊分类器来预测苹果水心。1999 年，Shahin 等选择苹果图像面积和图像表征的密度两个空间变量、余弦变换特征、小波变换特征为基本因子，然后用逐步回归法确定了苹果图像面积、密度和 10 阶余弦变换系数 3 个因子作为线性贝叶斯分类器的输入量，建立了预测苹果水心的贝叶斯分类器，预测准确率达到 79%。2002 年，Shahin 等又研究了根据压伤状态进行苹果分类的 X 射线图像技术，用逐步回归法确定了基于罗伯特算子的空间边缘特征和余弦变换特征两个因子，把它们作为预测旧压伤（1 个月）和新压伤（1 天）的因子，并建立了相应的神经网络分类器。结果表明：旧压伤的预测准确率达到 60%，两个品种苹果的新压伤预测准确率分别为 90%和 83%。Barcelon 等（1999）用 X 射线计算机层析（computed tomography，CT）扫描仪监控成熟期桃子内在品质的变化，建立了 CT 量与桃子的物理化学含量之间的关系。实验结果表明：X 射线图像技术在桃子内在品质评价中是很有效的工具。Kim 和 Schatzki（2000）研究了苹果水心的检测问题。他们通过抽取苹果 X 射线图像的 8 个特征，依据这些特征将苹果分成3类：无水心、轻微水心和严重水心，再用这些数据建立神经网络分类器。结果表明，建立的识别系统预测无水心和严重水心的误差为5%～8%。Lammertyn等（2003）将磁共振成像（magnetic resonance imaging，MRI）和计算机X射线断层技术结合用来检测'Conference'梨褐心病发生的时间过程。Jiang 等（2008）提出了一个合适的图像分割法运算法则，该法解决了X射线运用的频率问题，使得X射线对农产品的检测不受果实厚度和密度的影响。

韩东海（1998）提出了一种利用柑橘正常果和皱皮果波形的差异检测柑橘皱皮果的方法，研究了影响皱皮果检测的主要因素。结果表明：X射线的强度高、传送速度慢，有利于检测，检测速度达到5个/s。章程辉和王群（2005）利用X射线图像处理及模式识别方法检测红毛丹内部品质——可食率、可溶性固形物含量。实验结果表明，误判率小于10%；红毛丹可溶性固形物含量的X射线图像检测可采用纹理特征描述的方法，利用直方图矩特征和支持向量机回归方法预测红毛丹可溶性固形物含量的相关系数最高可达87.2%。2006年，章程辉等分别用可见光图像和X射线图像检测红毛丹的外形尺寸，结果表明采用X射线图像检测技术能较准确地预测红毛丹的外形尺寸（章程辉等，2006a）。同一年，他们通过测定红毛丹果实各部分的厚度，并利用X射线图像测定射线强度，研究其X射线衰减系数，同时研究衰减系数与其密度的相关性，建立射线强度和厚度的回归方程以及果实衰减系数与果实的果皮、果肉、果仁衰减系数的关系，为外形尺寸大小的分级奠定了基础（章程辉等，2006b）。徐澍敏等（2006）以陕西产“富士”苹果为试验材料，利用X射线电子计算机扫描技术，测定了从不同高度跌落的苹果CT值的变化规律。试验结果表明：受机械损伤的苹果，在相同的扫描层上，苹果的CT值随贮藏时间增加而降低，且苹果受机械损伤程度越高，苹果的CT值越低；随着扫描层位置与撞击点距离的增加，未受损伤苹果的CT值略有下降，而受机械损伤苹果的CT值明显上升；随着贮藏时间的变化，苹果CT值随受损伤程度的变化规律有所不同。孙旭东等（2007）利用X射线二维图像每个灰度值的负指数与厚度成正比的关系，在实验参量设置一定的条件下，计算出苹果的衰减系数；建立苹果体积数学预测模型，计算苹果的体积。实验结果表明，X 射线能量衰减与苹果厚度符合指数规律，线性回归相关系数 R_{μ}^2=0.9932，衰减系数 μ_m=0.0114；完整苹果真实体积与计算体积相关系数 R_v^2=0.9809，预测相关系数 R^2=0.9203，因此模型具有良好稳健性和预测性。王颉等（2008）以鸭梨、“富士”苹果和猕猴桃为试验材料，利用 X 射线电子计算机扫描技术，测定了从不同高度跌落果实 CT 值的变化规律。试验结果表明：鸭梨果实正常组织的 CT 值为−20～−16，“富士”苹果为−223～−220，猕猴桃为 24～31；果实跌伤处理后立即检测其 CT 值，即可发现同正常果实组织相比有一定程度的下降，贮藏 3d 以后 CT 值均显著低于对照（$P<0.01$），故 CT 值下降可以作为机械伤果实无损检测的主要依据。

1.1.2　基于水果声学特性的无损检测技术研究进展

声学特性是指农产品在声波作用下的反射、散射、吸收特性、衰减系数和传播速度及其本身的声阻抗与固有频率等，它们均反映了声波与农产品相互作用的规律，这些特性随农产品内部组织的变化而变化，不同农产品其声学特性不同。基于声学特征进行水果无损检测包括声波脉冲响应法和超声波法两种方法（郭文川等，2001）。利用农产品声学特性对其内部品质进行无损检测和分级是生物学、声学、农业物料学、电子学、计算机等学科在农产品生产和加工中的综合应用，该技术适应性强，检测灵敏度高，对人体无害，成本低廉，易实现自动化，是果品无损检测技术发展的热点领域（莫润阳，2004）。

以色列农业研究所的 Mizrach 及其研究小组，在利用声学特性进行水果无损检测方面做了更为全面系统的研究。该研究小组在 1996 年用超声波对杧果进行非破坏性试验，将超声波的探针与果皮接触，测量杧果果肉中超声波的衰减，建立了超声波衰减与硬度值及生理学指标之间的方程（Mizrach et al.，1996）。1997 年，Mizrach 等用超声波技术对室温条件下贮藏 10d 的杧果进行了检测，结果发现，声波强度从第一天的 2.7dB/mm 增加到最后一天的 4.16dB/mm，而且声波强度与果实的硬度和理化指标间的关系可以用一个下降的抛物线来表示，它与含糖量之间的关系可以用一个多项式表示，它与总酸含量之间的关系也可以用抛物线来表示。研究最后指出，该方法可以用来检测水果的糖、酸度以及果实的软化程度。2003 年，Mizrach 等研究认为可以用超声波检测苹果质地的絮败情况，这个方法是基于超声波在短时间内穿过果皮通过果肉组织后的变化情况完成对苹果果实的检测。Mizrach（2004）应用超声波技术对贮藏 0～151h 的李果的成熟度和含糖量进行了检测，结果显示在整个货架期声波强度和硬度都在下降，极端值分别为 5.41～0.54dB/mm 和 1.8～0.25kg/cm^2，两者间有很好的相关性（R^2=0.72），研究最后指出，超声波可以作为一种无损检测技术检测李果在贮藏期间一系列时间点中的硬度。Muramatsu 等（1997a）研究指出，猕猴桃成熟时声波在果实中的传送速度是下降的。Sugiyama 等（1998）开发了一个基于声波在甜瓜果实内传送速度来测量其硬度的手持仪器，这个设备后来被改进用于测量梨的硬度（Sugiyama，2001）。Muramatsu 等（1997b）研究指出，用激光多普勒振测仪（laser Doppler velocimeter，LDV）测量果实的回声效果比较好，他们用公式 $\mathrm{EI}=f_2^2m^{2/3}$（f_2 是果实样品每秒的回声，m 是样品的质量）测量果实的硬度（Terasaki et al.，2001a），该方法现在已经被用于测定猕猴桃（Terasaki et al.，2001b，2001c）和梨（Terasaki et al.，2006）的成熟度。Belie 等（2000）在连续两年的时间里，用声脉冲响应技术检测了生长中的梨在收获前后硬度的变化，建立了梨硬度变换的一级模型。Bechar 等（2005）借助超声波对“Jonagold”和“Cox”苹果的絮败情况进行了检测，结果显示，在“Cox”苹果上，两者有很好的相关性，但在“Jonagold”苹果上，两者的相关性很差。Gómez 等（2005）用无损的脉冲响应法和有损的 M-T 穿刺试验（Magness-Taylor（M-T）puncture tests）对贮藏 4 周的梨的硬度进行检测，并对声波响应频率和物理参数间的关系作了分析。结果显示，脉冲响应频率对贮藏期梨硬度变化的敏感性要远高于 M-T 穿刺试验，并认为该方法在对果实硬度和对货架期的预测上可以取代传统的有损试验。Camarena 和 Martínez（2006）用超声波对橘子皮紧涨度和水合作用进行的研究指出，超声波测量法可以取代机械测定法，为生产者提供一个快速、无损检测橘子皮水合状态的方法。

国内利用声学特性对水果开展的研究比较少。潘秀娟和屠康（2004）采用冲击共振法无损检测砀山梨采后质地变化，并与插入型破坏性实验和感官评定等实验结果进行比较。结果发现，冲击共振法所测硬度系数与插入型破坏性实验测得的弹性率有较好的相关性（r=0.88），与最大插入力相关系数 r =0.82；当冲击共振测试所得果实硬度系数平均在 23 以上时，果实质地酥脆，品质较好；当平均在 16 以下时，果实质地开始酥软，趋向蜂窝状，品质差；冲击共振法无损检测值误差波动范围较小。张索非等（2007）发现随着存放时间的延长，苹果受敲击发声的频谱峰值逐渐减小，而质量越小的苹果受敲击后发出声音的基频越低，并基于声学特性对苹果进行无损检测的有效性和可行性进行了讨论。莫润阳等（2007）对不同温度和时间条件下贮藏的“红富士”苹果表面超声波反射回波信号和声波穿透苹果所需时间及穿透苹果后透声信号幅度的变化进行了测定。结果表明：当贮藏温度一定时，随着贮藏时间的延长，苹果表面反射回波幅度减小，超声衰减系数降低，声速下降；当贮藏时间相同而温度不同时，随贮藏温度的升高，反射回波幅度减小，且温度越高，减小愈快，超声衰减系数降低也越快。结果显示可利用贮藏期内超声参数的变化对苹果品质进行评价。

1.1.3 基于水果电磁特性的无损检测技术研究进展

电磁特性检测技术是利用样品在电、磁场中电、磁特性参数的变换来反映样品的性质。该方法所需设备相对简单，数据的获取和处理比较容易，因此，其应用前景较广阔。

1. 水果品质磁特性检测技术研究现状

核磁共振（nuclear magnetic resonance，NMR）是一种探测浓缩氢质子的技术，它对水、脂混合团料状态下的响应变化比较敏感。研究发现：水果和蔬菜在成熟过程中，水、油和糖的氢质子的迁移率会随着其含量的逐渐变化而变化。另外，水、油、糖的浓度和迁移率还与其他一些品质因素诸如机械破损、组织衰竭、过熟、腐烂、虫害以及霜冻损害等有关。基于以上特点，通过其浓度和迁移率的检测，便能检测出不同品质参数的水果和蔬菜（张立彬等，2005）。NMR 及其影像技术作为一项新的检测技术在医学上取得了广泛的应用，在农业、食品行业也逐渐开始应用。在水果检测中，国外已有把核磁共振技术应用于水果内部品质、成熟度、内部缺陷、损伤等的研究报道，而国内在这方面尚鲜见报道。

Kerr 等（1997）对猕猴桃的冷害进行了 NMR 成像研究。结果表明：经冰冻—解冻过的果实的弛豫时间比新鲜的果实明显缩短，因此可以通过 NMR 成像的方法对猕猴桃进行在线分级，将受损的果实从中挑选出来。Gonzalez 等（2001）用 MRI 检测“富士”苹果内部褐变的进程，共检测正常果、轻度褐变及重度褐变苹果 3 种。结果显示：轻度褐变苹果在 0℃ 3% CO_2 下更显著，因为较低的质子密度和较小的横行松弛时间导致它比正常组织有一个较低的信号强度；重度褐变苹果在 20℃ 18% CO_2 下更显著，因为较大的横行松弛时间导致它比正常组织有一个较高的信号强度。Létal 等（2003）通过 MRI 获得了三个苹果品种“Idared”、“Redspur”和“Topaz”在成熟和贮藏过程中的镜像，并通过纹理分析获得纹理参数与硬度、可溶性固形物含量和可滴定酸含量之间的关系；最后得到了纹理参数与 MRI 镜像间的相关关系，并指出它可以用来评价果实的软化特征。Lammertyn 等（2003）将 MRI 和电子计算机 X 射线断层扫描技术用于对“Conference”梨果心褐变时间的研究。结果认为：果实生理失调引起的褐变与气体释放有关，褐化速度的差异值通过像素强度的比率也被量化；在不同的梨果上，平均褐化速率是相同的，都是（0.0065±0.0005）/d。Goni 等（2007）用 MRI 和差示扫描热量仪（differential scanning calorimeter，DSC）对番荔枝（*Annona squamosa* Linn.）果实软化过程中水分子的变化进行了检测。结果显示：在软化的初始阶段，伴随着束缚水重量分率的下降，横向松弛时间和硬度的损失显著增加；软化阶段被标记通过最小纵向弛豫时间和快速增长的束缚水的重量分率。Taglienti 等（2009）应用核磁共振成像来评估贮藏环境对与失水密切相关的猕猴桃组织结构变化的影响。在果实软化过程中，水分子的结构和流动性比水分含量更重要，是因为水分丧失和温度变化引起的蒸汽压的很小变动都能够改变水分子的结构进而诱导猕猴桃果实的软化。Ciampa 等（2010）通过 MRI 测定不同采收季节樱桃果实内部结构和物理化学性质变化，方差分析结果显示，物理参数即横向和纵向弛豫时间在不同的采收季节是不同的，并指出通过 MRI 对果实质量进行评估是很有潜力的一门技术。

2. 水果品质电特性检测技术研究现状

作为生物体，水果由生物组织构成。从微观结构角度观察，水果内部存在由大量带电粒子形成的生物电场。水果在生长、成熟、受损及腐败变质过程中的生物化学反应都伴随物质和能量的转换，导致生物组织内各类化学物质所带电荷量及电荷空间分布发生变化，生物电场的分布和强度从宏观上影响水果的电特性。因此，水果的内部品质可以通过对水果电特性的无损检测加以判别（胥芳等，2002）。

国外对水果电学特性的研究起步较早，最早的介电特性果蔬无损检测系统是 1958 年加藤宏郎研制的果实内部品质鉴别装置，Wolf 等于 1973 年将介电特性用于评价苹果的成熟度（郭文川，2007）。Nelson 等（1994a）测定了 23 种新鲜果蔬的含水率、组织密度和可溶性固形物含量以及在 200MHz～20GHz 下 41 个频率点的介电常数，指出导致果蔬组织介电特性差异的原因在于低频下离子的传导性和束缚水的松弛以及高频下自由水的松弛。Funebo 和 Ohlsson（1999）研究表明，2.8GHz 下，温度和湿度对苹果、草莓、山萝卜、蘑菇等水果和蔬菜的介电常数和介质损耗因子有影响。Ikediala 等（2000）研究表明，在 55℃以及 33～3000MHz 下，苹果的介电常数随频率的增加而减小，随温度的增加略微减小；苹果的最小介电损耗因数在 915MHz 下，介电常数和损耗因数不受苹果品种、果肉和苹果成熟度的影响。Nelson（2003）对 9 种新鲜水果介电特性的试验结果表明，在 10MHz～1.8GHz，随着频率的增大，介电常数由几百降至 100 以下。Wang 等（2003）对 1～1800MHz 下四种果品（苹果、杏、樱桃及柚子）及其四种虫害的电学特性进行研究，以探讨用电学方法达到杀虫的目的。结果表明：鲜果和病害的介电损耗因子（ε''）在恒定的温度下，随着频率的增加而下降，在 27MHz 下，则随温度的上升（20～60℃）呈线性增加，但在 915MHz 下随温度的上升ε''几乎保持不变；但与其他果实和病害相比，干果的介电常数（ε'）和ε''是很低的，在 27MHz 下，温度对干果的ε'和ε''几乎没有影响。Nelson（2005a）研究发现，当频率为 108～1010Hz 时，随着“dixired”桃（*Prunus percica* L.）成熟度的增加，其相对介电常数减小，介质损耗因数变化不明显。郭文川等（2007）对 4℃下贮藏 10 周的三个苹果品种（“Fuji”、“Pink Lady”和“Red Rome”）10～1800MHz 间的介电常数（ε'）和介电损耗因子（ε''）与 SSC、硬度、pH 及水分含量间的关系进行了研究。结果表明：尽管ε'/SSC 与ε''/SSC 间相关性很高，但 SSC 并不能很好地预测ε'和ε''，因为就 SSC 而言，它与ε'和ε''在相关性很差，而且ε'和ε''与硬度、pH 及果实的水分含量相关性都很差。Sosa-Morales 等（2009）通过对杧果的电学参数（ε'和ε''）及品质指标（如水分含量、可溶性固形物含量、酸、pH 及成熟指数）的研究指出，介电参数可以被用来选择杧果的最适软化期。

国内在水果的电学特性研究方面，西北农林科技大学郭文川所属的课题组开展得较多。他们在以 BP 神经网络与电参数结合建立的 2-20-3 的网络结构下，苹果新鲜等级平均识别率达到 79%（郭文川等，2005a）。在对苹果、梨和猕猴桃介电参数的电压特性进行研究后指出，采用损耗角正切值作为果品种类判别指标，对苹果、梨和猕猴桃的识别率分别为 100%、90%和 93%（郭文川等，2005b）。随后，该课题组对“红富士”、“红星”苹果的介电特性进行了研究，提出将ε_r/ρ作为识别苹果品种的指标，该方法对“红富士”和“红星”苹果的平均识别率为 91%（郭文川等，2006a）。以“富士”苹果为对象进行的撞击和静压损伤试验指出，在苹果发生损伤后 0.5h 内，其相对介电常数和电阻率急剧变化，3h 后趋于稳定，而同期无损苹果的相对介电常数和电阻率基本保持不变。贮藏期间，撞击损伤苹果的相对介电常数持续增大并出现跃变；静压损伤苹果的相对介电常数迅速增大后保持不变，而无损苹果的相对介电常数一直保持增大趋势（郭文川等，2006b）。2007 年，郭文川等以“红富士”苹果为对象，研究了测试信号的频率和电压对成熟期苹果电参数的影响。研究结果表明：频率对苹果电参数的影响规律与苹果成熟度无关，但电压对苹果电参数的影响规律与苹果成熟度有关，并指出可以用电参数反映内部物质成分的变化。另外，国内的其他研究小组也进行了这方面的研究。张立彬等（1996）用破坏法研究了“金帅”苹果切片组织的介电特性与新鲜度的关系，结果表明，在 10～100 kHz 的频率范围内，苹果的介电特性与新鲜度具有明显的相关性。2000 年，张立彬等利用非接触式无损检测方法测定了不同品质苹果电特性的差异，得出用相对介电常数判断水果内部品质可行的结论。胥芳等（1997）的研究表明：在 12～100kHz 的频段内，桃子的最佳测试频段为 15kHz 以下，此时桃子随着贮藏时间的增加，等效阻抗增大而相对介电常数和介质损耗因数减小；当桃子开始腐烂时，电特性数值出现了一个大的反复。2002 年，胥芳等提出了基于电特性参数无损检测的水果品质自动分选系统分类阈值的确定方法，并指出当苹果直径在 7～8.5cm、等外品腐败部分直径大于 2cm、电容传感器的测量频率为 1kHz 时，分类准确性可达到 80% 以上。张李娴和郭红利（2006）研究了电激励信号频率和电压对猕猴桃介电参数中电容、电阻以及损耗角正切的影响。研究结果表明：在 5～100kHz 的频率段内，猕猴桃的电压临界值随着测试频率的变化而变化，30kHz 时出现峰值；在不同的电压下，频率对猕猴桃介电参数的影响有一定差异；猕猴桃的损伤对其介电参数在电激励信号频率和电压发生变化时有着明显的影响。李英等（2007）研究了不同测试频率下桃子的电特性（如相对介电常数、等效电阻）与酸度、含糖量和含水率之间的关系。结果表明：在频率为 100Hz 时，桃子的电特性与其含糖量和酸度之间的关系显著。该研究结果为利用电特性进行桃子的酸度和含糖量无损检测提供了理论参考和依据。西北农林科技大学张继澍研究小组应用 HIOKI3532-50 型 LCR 测量仪对水果的电学特性也开展了大量的研究。其中，陈志远等（2008）研究后指出，在合适频率（500kHz～5MHz）下，复阻抗和相对介电常数可以作为辨别番茄果实成熟度的合适电参数，而损耗系数和复阻抗相角可以作为辨别其转色期的指标。周永洪等（2008）认为，10^6Hz 可作为火柿果实无损检测特征频率，在此频率下，衰老火柿果实的相对介电常数是刚采摘果实的 3.5 倍。王玲等（2009）对“嘎拉”苹果果实在 0.1～100kHz 频率下的电学特性研究后指出，在 0.1kHz 下，并联等效电阻可以作为辨别“嘎拉”苹果果实品质变化的特征电参数。王瑞庆等（2009）研究指出，果实阻抗、电容和电感可以作为标志红巴梨果实成熟衰老的电学指标，1MHz 为最佳测试频率。

1.1.4 利用计算机视觉技术进行水果无损检测的研究进展

计算机视觉是基于图像的数字识别技术而发展起来的新兴技术，主要用计算机来模拟人的视觉功能，从客观事物的图像中提取信息进行处理并加以理解，最终用于实际检测测量和控制。从 20 世纪 80 年代起，国外就开始研究计算机视觉技术在农业中的应用。很多国家和地区已经在农业信息图像处理方面进行了广泛深入的研究，其应用研究已渗透到农业生产的各个领域（李朝东等，2009）。

Zwiggelaar 等（1996）研究了用计算机视觉技术检测桃和杏的撞伤问题，表明对有伤果品检测的成功率大约为 65%。西班牙的 Blasco 研究小组在计算机视觉方面开展了很多研究。在 2003 年，Blasco 等通过机器视觉技术在线检测苹果外部缺陷，正确率 86%。在 2007 年，该研究小组总结了他们应用 NIR 及紫外和荧光计算机视觉系统对柑橘类果实常见缺陷的检测结果，并提出了一种果实分类的运算法则即组合不同谱段信息包括可视区，依据果实表面缺陷的类型对果实进行分类。结果显示该方法对炭疽病引起的表面缺陷的检测正确率达到 86%，对绿霉病引起的表面缺陷的检测正确率达到 94%（Blasco et al.，2007a）。随后，他们又提出了一种应用计算机视觉系统的新的镜像分割运算法则，以进行柑橘类果实外皮缺陷的检测。该法则适用于不同种类不同品种的柑橘类果实，对于不同组的果实的检测既不需要进行调整，也不需要改变光的条件，在对 2294 个果实进行的检验中该法则的正确率达到 94%（Blasco et al.，2007b）。在 2009 年，该研究小组用计算机视觉技术来区分与鉴别柑橘属果实最常见的 11 种外部损伤，损伤的镜像被获得在 5 个谱段内包括近红外区、紫外区和荧光区，并将关于外部损伤的一些形态学信息进行结合以便于果实分类，结果显示该方法对橘子和橙子的平均识别率达到 86%（Blasco et al.，2009a）。在同一年，他们还开发了一种基于计算机视觉技术的自动分拣石榴假种皮的机器，而且该机器已经推广并在商业应用上取得了成功，其分拣量是 75kg/h；机器的输送单元是一个翘起的平板和一个狭窄的传送带，监测单元是两台摄影机与计算机视觉系统相连，收集单元是能够将产品分为四类的一个单元（Blasco et al.，2009b）。在此基础上，他们还开发了一种与之比较类似的自动分拣易碎橘瓣的机器，而且也能达到商业应用的要求，其正确分拣率达到 93.2%（Blasco et al.，2009c）。Quevedo 等（2008）将香蕉在 20℃下贮藏 10d，在这期间香蕉的表皮变化用计算机视觉系统进行记录，到过熟阶段通过傅里叶分析得到了一些增加的分形值。结果显示：通过傅里叶谱分析得到的单调增加的分形纹理可以作为香蕉进入衰老阶段的指示，称作衰老斑（senescent spotting）。Tanigaki 等（2008）制造了一种采收樱桃的机器，一些性能在实验室已经经过验证，但用于实践还需继续进行大量的实验以对仪器进行改进。Sanchis 等（2008）提出了一种校正计算机视觉系统在获得弯曲的球体镜像时不利影响的方法，并用该方法在柑橘类水果上进行了一些验证试验，其目的是验证这种方法在所有果实表面上产生的反射比是类似的，以减小中心部位和边缘部位的差异。

国内张泰岭和邓继忠（1999）应用计算机视觉技术对梨的碰压伤进行了检测，提出可以通过区域标记技术区别多处碰压伤，并建立了碰压伤面积测量的数学模型。实验表明：该方法能够准确检测梨的多处碰压伤，大部分测量相对误差可控制在 10%以内。随后，他们在 2001 年应用计算机视觉进行水果检测时，提出了一种改进的边界追踪方法，在对苹果、梨、杧果等水果图像进行测试后指出，该方法追踪一幅大小为 150×150 像素的水果图像，所需时间不足 1s（邓继忠和张泰岭，2001）。应义斌等（2000）研制了一套适用于黄花梨及其他水果品质检测的机器视觉系统。赵静和何东健（2001）在综合分析果实形状的基础上，提出用 6 个特征参数表示果形。结果表明：用提取的特征参数和果形识别技术，计算机视觉与人工分级的平均一致率在 93%以上。何东健等（2001）在利用计算机视觉技术检测果实表面缺陷中，改进了活动边界模型（active contour models，ACM），并提出利用插值算法对得到的不连续边界进行插值，从而得到封闭的缺陷边界。结果显示：该方法能准确检测果实表面的缺陷边界。冯斌和汪懋华（2002）利用计算机视觉技术识别水果表面缺陷，提出了分割缺陷和识别缺陷的新方法。冯斌和汪懋华（2003）通过计算机视觉技术获取水果的图像，对该图像进行边缘检测等处理后，以其自然对称形态特征为依据，确定水果的检测方向，进一步检测水果的大小。试验表明：该方法检测速度快，正确率高，适用范围广，能够满足水果自动检测要求。包晓安等（2004）针对我国苹果等级划分主要依靠人工感官进行识别判断的现状，提出了以应用计算机视觉以及图像处理技术为基础，通过改变传统学习向量量化（learning vector quantization，LVQ）网络输入层各参数的权重来改变其在竞争层中的竞争能力。应用改进后的 LVQ 网络算法对苹果进行等级判别试验，取得了良好的试验结果，正确识别率达 88.9%，且具有较好的稳定性。章程辉等（2005）应用计算机视觉研究了红毛丹外观色泽品质的分级检测技术，所得模型对 4 个色泽等级的红毛丹的正确分级率分别是 94%、88%、89%和 95%，且具有较好的稳定性。刘国敏等（2008）根据脐橙图像的特点和分级标准，运用计算机视觉和神经网络算法对脐橙进行自动检测与分级，并通过 BP 神经网络建立了特征参数与脐橙等级之间的关系模型。试验结果表明，其预测准确率达到 85%。黄勇平等（2008）将计算机视觉技术应用到杧果表面缺陷检测。陈小娜和章程辉（2009）应用计算机视觉技术研究了绿橙表面缺陷的分级检测技术：通过 CCD 相机采集绿橙的可见光图像，经图像低层处理后，采用美国 National Instruments Vision Assistant 软件测得绿橙的果实横径、整果和缺陷像素数值，将果实横径像素数变换成实际的果实横径后，即可求出绿橙的表面积；再根据绿橙的表面积和整果、缺陷像素数之间的比例关系计算出缺陷面积，进而对其进行分级。检测结果表明：该方法对 4 个质量等级的绿橙的正确分级率分别是 97.44%、91.49%、91.78%和95.12%。黎移新（2009）运用计算机视觉技术对柑橘图像设置蓝色分量阈值去除背景，统计 44 幅有病虫害疤痕的柑橘图像中疤痕的亮度值；以此经验值作为亮度分段阈值，提取病虫害疤痕，并对病虫害疤痕进行逐行扫描连通，形成连通的病虫害疤痕区域；对该区域进行离散傅里叶变换，取其前 4 个谐波分量区分病虫害疤痕与果萼、果梗和花萼。结果显示：44 幅柑橘图像中疤痕的正确识别率为 88.64%，表明该方法能对柑橘病虫害疤痕进行识别与分级。陈育彦等（2009）利用波长 650nm、功率 25mW 的半导体激光及计算机视觉技术，初步探讨了利用激光图像分析检测“嘎拉”苹果采后表面损伤和内部腐烂检测的可行性。结果表明：受损伤后苹果图像像素数 S_3 在 36h 达到最高值（3964），且在 1～84h 与对照差异显著（$P \leqslant 0.05$）；接种青霉菌液的苹果随着内部的腐烂，在第 4 天时像素数 S_3 达到最高值（3682），而后开始下降，第 7 天与对照差异显著（$P \leqslant 0.05$）。初步验证该方法检测苹果表面的损伤和内部腐烂是可行的。

1.1.5　利用电子鼻技术进行水果无损检测的研究进展

电子鼻是装备有一定选择性的电化学传感器阵列，能模仿人类的嗅觉系统并借助于适当的统计软件为挥发性化合物提供数字化指纹的仪器（Shaller et al.，1998）。电子鼻这样一个特性对于快速、实时检测果实挥发性成分提供了很大的便利（Benedetti et al.，2008）。从仿生学角度看，电子鼻是人和动物鼻子的仿真产品，它的工作原理是模拟人的嗅觉器官对气味进行感知、分析和判断。电子鼻一般由气敏传感器阵列、信号处理子系统和模式识别子系统等三大部分组成。其工作过程大致可分为以下三个部分：首先，气味分子被气敏传感器阵列吸附，产生信号；其次，生成的信号被送到信号处理子系统进行处理加工和传输；最后，处理后的信号由模式识别子系统对信号处理的结果做出判断（于勇等，2003）。

利用气味在电极上的氧化还原反应研制的第一个“电子鼻”是由

Wilkens 和 Hatman 在 1964 年报道的。在 1965 年，Buck 等利用气味调制电导和 Dravieks 等利用气味调制接触电位研制的“电子鼻”成果有了报道。然而，直到 1982 年，英国 Warwick 大学的 Persaud 和 Dodd 教授才模仿哺乳动物嗅觉系统的结构和机理提出了电子鼻的概念，并利用他们研制的电子鼻系统分辨胺树脑、玫瑰油、丁香芽油等 21 种复杂的挥发性化学物质的气味（于勇等，2003）。此后，随着材料科学、制造工艺、计算机、应用数学等相关学科的发展，经过英国、法国和德国等研究人员十几年的不懈努力，电子鼻的研究取得了实质性的进展，在过去的十多年中，英法德美等国家科研人员已经成功地研制了商品化的人工嗅觉系统即电子鼻设备，其中比较著名的有法国的 Alpha-MOs、德国的 Airsense、英国的 Bloodhound 和 AormaScan 等（唐月明和王俊，2006）。Simon 等（1996）利用半导体气敏传感器评价越橘品质，得出传感器的响应值随着坚实度、pH、酸滴定值与颜色值的增加而增加。Young 等（1999）研究指出，金属氧化物传感器的电子鼻能被用来预测“Royal Gala”苹果的采收期。Brezmes 等（2001）研究指出，通过对挥发性成分的测定，可以将梨分为三个不同的成熟期，分别是绿、熟和过熟，而且其准确率超过 92%。Osborn 等（2001）将日本的“La France”梨在不成熟时候进行采摘，用 32 个导电高分子传感器阵列的电子鼻系统进行分析，采用 Non-linear mapping 软件进行数据处理，同时采用化学分析法、气相色谱法和气相层析-质谱联用法对 3 个不同阶段的梨进行分析。结论是电子鼻能够很明显地区分出 3 种不同成熟时期的梨，并且同其他分析结果有很强的相关性。Brezmes 等（2001）利用电子鼻对苹果的成熟度进行了评价，并指出电子鼻信号与果实的质量参数如硬度、淀粉指数和酸度有很好的相关性。Saevels 等（2003）研究指出，石英微平衡传感器的电子鼻能够被用来估测“Janagold”和“Breaburn”苹果的最适采收期。Stijn 等（2003）利用电子鼻来预测和优化苹果的最佳收获期，研究表明利用电子鼻信号可以较好地预测同一产地的苹果的最佳收获期及它们的品质指标。如果将两种不同产地的苹果的电子鼻检测信号一起用来建立预测模型，预测的效果不理想。Pathange 等（2006）研究指出，电子鼻能衡量“Gala”苹果的三个与成熟密切相关的指标——淀粉含量、耐压性和可溶性固形物含量，而且能将苹果的成熟度有效地分为三类，其准确度达到 83%。Gómez 等（2007）研究指出，可以运用电子鼻测定橘子的挥发性成分来评估它的货架期。Benedetti 等（2008）借助电子鼻开展了对桃品种和货架期的鉴定，对数据运用主成分分析和线性判别分析后得出，运用电子鼻可以将桃分为三类，即未熟、熟和过熟。Lebrun 等（2008）研究指出，通过电子鼻测定杧果的香气挥发可以确定杧果的采收期。Zhang 等（2008）对电子鼻技术测定的数据应用偏最小二乘法、主成分分析法和多元线性回归建立的模型进行分析后指出，所有的模型与“Xueqing”梨的可溶性固形物含量和硬度之间有很高的相关性，但与酸度的相关性较差，并指出电子鼻信号可以用于估测果实的化学和物理特性。Li 等（2009）用一个快速的便携式电子鼻来检测货架期杧果的腐烂发生和它的软化，在对杧果呼吸速率、可溶性固形物含量和颜色指标测定后指出，该方法可以用来检测杧果的腐烂发生率，其准确率在 87%～90%。Li 等（2010）研究了用电子鼻技术对越橘三种常见的采后病害——灰霉病（gray mold）、炭疽病（anthracnose）和腐烂病（alternaria）进行检测和分类，并指出这种技术在这方面的可行性。Santonico 等（2010）将电子鼻技术应用在对酒用葡萄采后脱水后其果实内部化学成分的代谢监控上，通过与 GC/MC 得到的结果对比后指出了电子鼻技术在这方面的实用性。Defilippi 等（2010）应用电子鼻法、气相色谱法和感官分析法对杏果在贮藏阶段香气成分（主要是乙醛和酯类物质）进行了分析检测，结果指出电子鼻法能完全检测出杏果不同熟化阶段的香气成分。

在电子鼻检测系统的开发上，国内的研究甚少，主要集中在气敏传感器的研制上，而对其在农产品品质的检测上应用很少。潘胤飞等（2004）对超市所购得的好坏苹果各 50 个进行了检测，在获得传感器阵列数据的基础上，从每个传感器曲线中提取了 5 个特征参数，将其作为模式识别的输入向量。根据主成分分析所测得的数据处理结果能区分好坏苹果，但有一点重叠的地方。用遗传算法优化 RBF 神经网络的识别表明，网络对训练集的回判正确率和对测试集的测试正确率分别为100%和96.4%。邹小波和赵杰文（2006）针对电子鼻的数据特点，提出用一个三维数组保存电子鼻的数据；采用6点平滑方法去除传感器的噪声，以提高电子鼻的精度和可重复性；对预处理前后的电子鼻数据中提出的特征进行主成分分析发现，预处理后的主成分结果所含的有用信息更多，而且可以很好地区分“红富士”和“姬娜”两种不同香味的苹果。胡桂仙等（2005）将电子鼻技术应用于柑橘成熟度的无损检测分析，建立了电子鼻响应与成熟度之间的关系，证明了建立在化学传感器和模式识别软件上的电子鼻能够检测区分不同成熟度的柑橘。

1.1.6　利用其他方法进行水果无损检测的研究进展

除此之外，利用撞击技术、密度、硬度、强制变形及射线等技术也可以对果蔬进行无损检测与分选。例如，Chen 等（1996）研制出了一种低质量高速的撞击传感器，用来测量桃子硬度，获得了很好的效果。Bellon 等依据果实硬度与成熟度的关系，发明了一种微型变形器，它能以92%的准确率把桃子分成质地不同的三种类型（张立彬等，2005）。另外，对于果实品质的检测，单单靠一种检测手段难以达到理想的结果，因此，研究人员已经开始尝试将几种无损技术结合起来对果品进行检测。例如，Iglesias 等（2006）将声学和碰撞试验结合去估计桃的硬度并阐明贮藏温度和时间对其软化的影响，并将无损与有损检验进行对比，在预测其对挤压的最大承受力方面该方法建立的模型其相关系数达到0.91，分类模型准确率超过90%。Lammertyn 等（2003）将 MRI 和计算机 X 射线断层扫描（X-ray CT）技术用于对“Conference”梨果心褐变时间的研究。

各种无损检测方法都有优缺点。目前，应用最广泛且最成功的检测方法是光学方法。随着计算机技术、数据处理技术及自动化控制技术的发展，必将带动无损检测技术由半自动化向自动化转化，外部品质向内部品质转化，规格由文字化向数字化转化，单项目检测向综合全方位检测转化，设备结构则由复杂化向便携化、数字化、智能化方向迈进。实现多目标在线无损检测技术，多种传感器融合技术，对提高我国农产品的品质，增强国际竞争力，降低工人的劳动强度，具有重要的理论意义和实际意义，并能创造较大的经济效益和社会效益。

1.2 伤信号转导途径中茉莉酸与其他植物激素间的关系

1.2.1 茉莉酸研究进展

茉莉酸（jasmonic acid，JA）是一类在植物界广泛存在的化合物，最初是从一种真菌培养液中分离得到。1962 年，从茉莉属（*Jasminum*）的素馨花（*J. officinale* var. *grandiflorum*）中分离出来作为香精油的有气味化合物，即为茉莉酸甲酯（methyl-JA，MeJA）。目前已发现 30 多种具有类似基本结构的衍生物，统称为茉莉酸盐（jasmnates，JAs），其中最具代表性的就是茉莉酸（jasmonic acid，JA）和茉莉酸甲酯（methyl-JA，MeJA）。目前认为它们是激活受伤害诱导基因表达的关键调节因子，特别是在诱导植物系统抗性反应中起到主导作用。受伤后植株在受伤部位以及未受伤部位短时间内迅速合成大量茉莉酸。外施 JA 或 MeJA 使伤害诱导的基因的表达水平提高，其转录调控形式类似于受伤害诱导。在茉莉酸合成缺陷突变体中伤害诱导的基因表达受到破坏。嫁接实验证明，茉莉酸作为可移动的系统性信号介导伤害反应（Creelman and Mullet，1997）。

1. JAs 家族

茉莉酸家族（jasmonate family）是指具有环戊烯或环戊烷结构或经由十六烷或十八烷途径合成的具有相关结构的化合物（Farmer et al.，1998），茉莉酸（JA）和茉莉酸甲酯（MeJA）是其主要代表。JA 在植物生长发育、果实成熟、花粉活性、生物及非生物逆境反应中起重要作用。游离的 JA 可与甲基形成 MeJA，也可与葡萄糖、氨基酸等形成结合态复合物（Creelman and Mullet，1997）。结合态的 JA 既能直接发挥生理作用，又可在植物组织内降解释放出游离态的 JA 而发挥生理作用

（李劲等，2002）。在拟南芥中已检测到茉莉酸家族的 6 个成员。在植物中有多少茉莉酸家族成员属信号分子及其对基因表达的作用尚不清楚（Farmer et al.，1998）。研究表明，环戊烯结构物可能是强有力的信号分子（Howe，2001）。

2. JA 的化学结构

茉莉酸的基本结构是一个戊烷环，在 C_3、C_6 和 C_7 三个位置上的取代反应形成了多种衍生物，其分子的 C_3 和 C_7 两个 C 原子是手性 C 原子，具有 4 种可能的旋光异构体。根据目前的研究结果，4 种异构体中有 2 种是天然在植物中存在的，即(−)-JA 和(+)-7-iso-JA，有 2 种可以通过人工合成，即(+)-7-JA 和(−)-7-iso-JA，具体结构见图 1-1。在正常高等植物体内，首先合成(+)-7-iso-JA，然后其很快地通过差相异构转变成(−)-JA，最后在植物体内达到 1∶9 的比例平衡。但也存在有不同的情况，如在真菌 *Botryodiplodia theobromae* 中只含有(+)-7-iso-JA，而在 *Vicia faba* 果实中茉莉酸的比例是 1∶2。

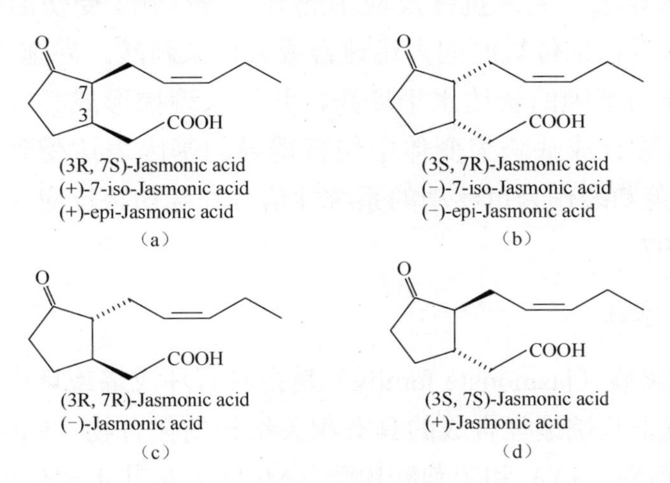

图 1-1 茉莉酸的异构体（Creelman and Mullet，1997）

3. 分布

被子植物中 JA 分布最普遍，裸子植物、藻类、蕨类、苔藓类和真菌中也有分布。通常 JA 在茎端、嫩叶、未成熟果实、根尖等处含量较高，生殖器官特别是果实比营养器官如叶、茎、芽的含量丰富。但细胞功能和类型的不同、生育期以及环境因子的影响，可以改变茉莉酸在植物体内的含量。一般来说，植物在其分化生长区（幼苗期下胚轴、胚芽及细胞分化区）和繁殖器官（花粉、果皮等）中茉莉酸的含量较高，这样的分布可能与茉莉酸的生理功能有关（张长河等，2000）。但是当植物处于非正常生理状况时，其比例很难确定。例如，Baldwin 等 1997 年发现，烟草在受伤后的 90min 内叶片中的 JA 含量增加了 10 倍。此外，在番茄和拟南芥中也发现，在植物非正常生理状态时 JA 含量的非规则变化（Herde et al.，1996）。

4. 生物合成

茉莉酸类物质包括 JA、MeJA 及其他茉莉酸途径的活性物质。自 1978 年茉莉酸前体顺-12-氧植物二烯酸（cis-12-oxo-phytodienoic acid，12-OPDA）被确认以来，植物体内 JA 的合成途径已经逐渐明朗。20 世纪 80 年代中期，JA 合成前体除了不稳定的丙二烯环氧化物外，都被 Vick 和 Zimmerman 鉴定出来了。已经有诸多关于茉莉酸合成途径的综述文章（Wasternaek，2007；Delke et al.，2006；Howe and Schilmiller，2002；Creelman and Mullet，1997）。

JA 的合成起始于α-亚麻酸（α-linolenic acid，α-LeA），细胞膜在脂酶的催化下释放出α-LeA，合成过程见图 1-2。不饱和α-LeA 由叶绿体的 13-脂氧合酶（13-lipoxygenase，13-LOX）催化，在第 13 位加氧形成 13-氢过氧化-亚麻酸（13-hydroperoxylinolenic acid，13-HPOT）。在叶绿体中，13-HPOT 在丙二烯环氧合酶（allene oxide synthase，AOS）和丙二烯环化酶（allene oxide cyelase，AOC）作用下生成 12-氧-植物二烯酸（12-oxo-phyto-dienoic acid，12-OPDA）。以上 3 步催化都在叶绿体中进行，生成的 12-OPDA 在过氧化物酶体中被 12-氧-植物二烯酸还原酶（12-oxo-phytodienoic aeid reduetase，OPR）还原成 3-oxo-2-（2（*Z*）-pentenyl）-cyelopentane-l-oetanoic acid（OPC-8：0）。OPC 可能在过氧化物酶体中经过 3 次β氧化生成 JA（Delker et al.，2007），JA 可以在

JMT 的催化下生成 MeJA。植物中除了 13-LOX 外还有 9-LOX，通过 9-LOX 途径虽然不能合成 JA，但是 9-LOX 途径的产物同样具有生物活性。

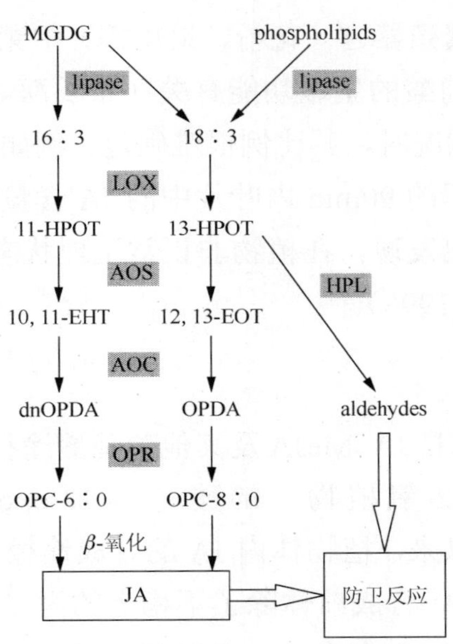

图 1-2　茉莉酸合成的两条途径

phospholipids（磷脂）；MGDG, monogalactosyldiacylglycerol（叶绿体膜脂单半乳糖二酰甘油）；lipase，脂肪酶；16：3, hexadecatrienoic acid（十六碳三烯酸）；18：3, linolenic acid（亚麻酸）；LOX, lipoxygenase（脂氧合酶）；11-HPOT, 11-hydroperoxy-7(Z), 9(E), 13(Z)-hexadecatrienoic acid（11-氢过氧化-亚麻酸）；13-HPOT, 13-hydroperoxy-9(Z), 11(E), 15(Z)-octadecatrienoic acid（13-氢过氧化-亚麻酸）；HPL, hydroperoxide lyase（氢过氧化物裂解酶）；AOS, allene oxide synthase（丙二烯氧化合酶）；10, 11-EHT, 10, 11-epoxy hexadecatrienoic acid（环氧十六碳酸）; 12, 13-EOT, 12, 13-epoxyoctadecatrienoic acid; AOC, allene oxide cyclase(丙二烯氧化物环化酶)；aldehydes，醛类；OPDA, 12-oxophytodienoic acid（12-氧-植物二烯酸）；dnOPDA, dinor-OPDA; OPR, OPDA-reductase（OPDA 还原酶）；OPC-6：0, 3-oxo-2-(2(Z)-pentenyl)-cyclopropane-1-hexanoicacid; OPC-8：0, 3-oxo-2-(2(Z)-pentenyl)-cyclopropane-1-octanoic acid

5. 茉莉酸的伤信号转导途径

如前所述，植物在生长发育过程中会遭遇到各种各样的伤害，如病原菌侵袭、干旱胁迫、低温伤害以及昆虫侵食等。对于这些伤害，植物自身会做出反应来应对（Gilliver et al.，2006；Lee et al.，2004）。研究认为，作为一类在植物中广泛存在的植物激素，茉莉酸在植物自身对外界伤害的抗性反应中起到主导作用，这种反应通过伤害刺激合成茉莉酸，茉莉酸经过信号传导在局部和系统部位诱导抗性基因的表达，特别是在十字花科植物拟南芥和茄科植物番茄、烟草等中研究最为深入（Wasternack et al.，2006）。

因为伤诱导 PINs 的形成，所以番茄被作为模式植物来进行伤诱导的研究。一个突破性的成果就是分离出十八氨基酸肽系统作为 PIN 形成的引诱者，JA 的合成通过脂肪酸途径是 PIN 形成的前提，局部伤害导致系统素与膜上的定位受体 SR160（一种富含亮氨酸的重复受体激酶）结合，但目前对 SR160 作为系统素受体的结论还存在争议。经基因改造的番茄的细胞悬浮培养产生的 SR160 对系统素很明显有响应，在烟草中并不产生番茄的系统素，在番茄中发现了两个没有被激活的伤诱导系统素；烟草的系统素是富含羟脯氨酸肽，它来自于一个单聚蛋白前体。除了上面提到的在番茄中发现的系统素和三个富含羟脯氨酸肽外，另外一组肽 PALFs 在番茄中通过细胞悬浮培养也被鉴定。这些小肽广泛地分布在植物中，影响着根的生长发育但不诱导 PIN 系统素。这些特异性的小肽包括系统素和 PALFs 的产生和协调伤信号及传递伤信号。

伤信号一个有争议的问题是，它的第一步脂肪酸途径定位在质体，它被质膜中的肽受体感知，有证据显示这中间有 MAP 激酶串联和 Ca^{2+} 信号参与；在番茄中，JA 下游肽感知是伤信号的最终步骤。定位在质膜上的磷脂酶 A2 也可能参与了伤信号的转导，产生于质体膜的α-LeA 是 JA 生物合成的最初底物，番茄受伤害后 LOX、AOS、AOC、OPR3 和 ACX1A 的表达也显示该步反应是最初事件，在番茄或烟草中这些基因的反义表达都会导致 JA 含量的下降，研究还显示伤信号与植物对食草动物攻击后的响应系统是拮抗关系（Rojo et al.，1999）。

所有参与 JA 生物合成的基因编码酶在伤反应中都有表达，显然伤诱导底物通过体内已经存在的酶使 JA 在最初的第一个时段内开始有短暂的积累，接着在后面的时段内是稳定的增长，通过底物的产生调控 JA 的生物合成已经有事实依据，在伤诱导的初期借助于 α-LeA 途径最初底物的释放通过调控 AOC 或 AOS 过量表达提高 JA 水平已有研究证实（图 1-3）。此外，在番茄中影响 JA 合成的许多其他化合物和影响 JA 诱导基因积极表达的因素很多。这些因素包括 ABA、乙烯（O'Donnell et al.，1996）、H_2O_2（Orozco-Cárdenas et al.，2001）、寡半乳糖醛酸（OGAs）（Doares et al.，1995）、紫外光和脂肪酸共轭物（FACs）。NO 在伤反应链中的上游抑制 PIN2 的表达（Orozco-Cárdenas and Ryan，2002），该现象可以通过减少 H_2O_2（PIN2 表达的强烈诱导子）和其他 JA 诱导基因的产生而发生（Jih et al.，2003），此外，在番茄中伤害和 JA 诱导的 *ARGINASE2* 可以抑制 NO 的形成，因为一氧化氮合酶和 ARGINASE 竞争同一个底物精氨酸（Chen et al.，2004）。另外负调控番茄局部伤反应的是 SA，SA 抑制伤诱导 JA 的形成（Doares et al.，1995），JA 被证明

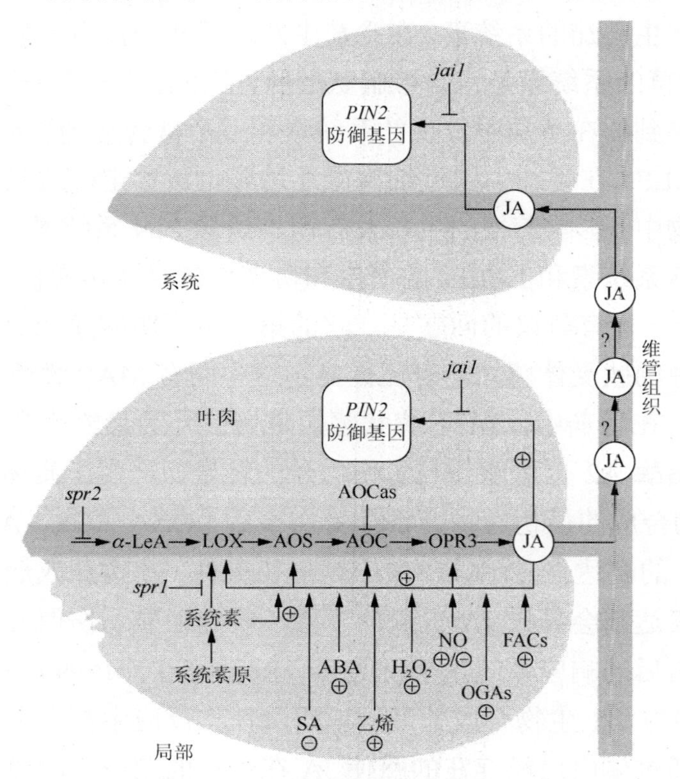

图 1-3　番茄叶片中伤信号途径（Wasternack et al.，2006）

局部伤害导致 JA 在维管组织（JA 生物合成的许多酶在该组织中都被发现）中先产生，其他的信号分子如 ABA、乙烯、H_2O_2、紫外线、OGAs 和 FACs 激活 JA 的形成，SA 和 NO 则抑制 JA 的形成，局部生成的 JA 或相关化合物可以通过维管组织传导到整个叶系统，图中所示突变体都已被鉴定；*spr2*，JA 缺陷突变体；*spr1*，系统素的不敏感突变体；*jai1*，JA 不敏感突变体

是特别的伤信号分子，并对失活病原体有响应（在番茄等多种植物中），同时 SA 被认为是特别的活体病原体响应的信号分子。在番茄中，JA、ABA、乙烯和系统素之间都是协作效应，它们间的次序效应、协作效应（O'Donnell et al.，1996）和两个或更多个系统素间的对抗效应已被描述（Orozco-Cárdenas and Ryan，2002；Doares et al.，1995）。显然，对各种外界刺激的响应如紫外线、伤害和 FACs 等是通过不同的信号物质和对外界刺激响应的信号途径的激活交汇于 MAP 激酶。

番茄信号物质的多样化活动在未来可通过转基因或鉴定突变体的方法进行分离，对于一些物质如 JA 通过转基因方法使其丧失功能或通过过量表达或抑制特别基因使其增效已经实现，如 *PROSYSTEMIN* 基因、*LOX*、*AOS* 和 *AOC* 基因（Rojo et al.，1999）。JA 的第一个突变体 *def1*（*DEFENSELESS1*）已被鉴定，随后两个抑制 *PROSYSTEMIN* 基因表达的突变体（*spr2*，*spr1*）和一个 JA 不敏感突变体（*jai1*）已经被描述。但是 *spr1* 被封闭在系统素感知时，*spr2* 被鉴定影响质体 *ω*-7-脱氢酶（催化原核 *a*-LeA 生物合成最后步骤），因此 *spr2* 植物是 JA 缺陷体。番茄中 *jai1* 和拟南芥的 *coi1* 是同类基因（Li et al.，2004），它已被鉴定作为一个 F-box 蛋白的蛋白酶体介导调控 JA 相关基因表达（Xie et al.，1998），对比拟南芥中雄性不育系 *coi1* 突变体，*jai1* 是雌性不育系（Li et al.，2004b）。番茄中许多伤害和 JA 诱导的基因的表达方式雷同于 *coi1* 表达方式，但胞外的核糖核酸酶（RNase）和伤诱导蛋白激酶（WIPK）例外。RNase 表达仅仅在局部以 JA 和系统素独立方式存在，WIPK 在局部和全株表达以系统素和 JA 独立方式存在。最后，ACX1A 被鉴定，它影响 JA 的形成。上述这些突变体已成为研究番茄中 JA 局部和全株信号的很好工具。

6. 茉莉酸的生理功能

作为一种逆境激素（stress hormone），JAs 在植物生长发育及防御反应中起重要作用。JAs 可调控两类基因的表达：一类基因与植物发育有关，如种子的萌发和生长、贮藏蛋白的积累、花和果实的发育、花粉的育性；另一类基因与自身防御系统有关，表现在对真菌感染、病虫害、干旱、机械损伤以及渗透胁迫等逆境的应激反应（吴劲松和种康，2002）。

（1）新的抗癌药物。水杨酸盐对各种类型癌症的生长抑制效果在很长一段时间内已经被人们知道，只是在后来才发现 JAME 对细胞毒素的选择性效应，这种效应与转录、翻译和 *p53* 表达无关，线粒体似乎是一个靶目标。在 *hep3B* 恶性肿瘤细胞中，发现了 JAME 诱导线粒体的肿胀和细胞色素 C 的释放，这是该肿瘤细胞凋亡途径的特征（Rotem et al.，2005）。JA 对癌症细胞的选择性是很令人惊讶的，JA 另一个靶目标被检测到在人类骨癌细胞中。这里，JA 通过激活一个 NO 蛋白激酶（MAPK）途径施加生长抑制效应和分化诱导效应，以一种与 cAMP 无关的方式。在各种 JA 的实验中，一个甲基-4,5-二氢茉莉酸酮酯的活性是 JAME 的 30 倍，到目前为止，在哺乳动物细胞中 JA 还没有被检测到，但是它们在植物中是普遍存在的。一些植物的提取物作为治疗药物在癌症疗法中已经被应用很长时间，是否有很多植物含有高水平的 JA 将很令人感兴趣。

（2）JA 在生物和非生物胁迫中作为信号分子的功能（以拟南芥为例）。对伤害或病原菌攻击转录表达产物的分析可以弄清植物的生物和非生物胁迫响应（Pieterse et al.，2006）。突变体在 JA 生物合成和 JA 信号研究中已经成为分析 JA 信号途径和信号特性及相关化合物的一个很重要的工具（Delker et al.，2006；Wasternack et al.，2006），对 JA 缺陷但 OPDA 积累突变体 *opr3* 的研究揭露了 OPDA 特别基因的表达（Stintzi et al.，2001），接下来对更大范围的转录表达分析显示，基因可归纳为 COI1 相关和 COI1 不相关两种类型。最近的研究分析显示完全分开的和重叠的群基因的表达独立与否与 COI1、OPDA 和 JA 有关，在功能上类似的差异和重叠已经被发现在转录因子激活 JA/OPDA 相关过程的水平上（图 1-4）。

转录因子激活 JA 的下游在胁迫响应中是乙烯响应因子 1（ERF1）、ATMYC2、WRKY70 和新的家族基因 ORAs（被 Memelink 研究小组鉴定）（Memelink et al.，2001）。在它们当中，ORA47 是依赖于 COI1 的并正调控 JA 的生物合成，ORA59、ERF1、ORA37、AtMYC2 和 WRKY70

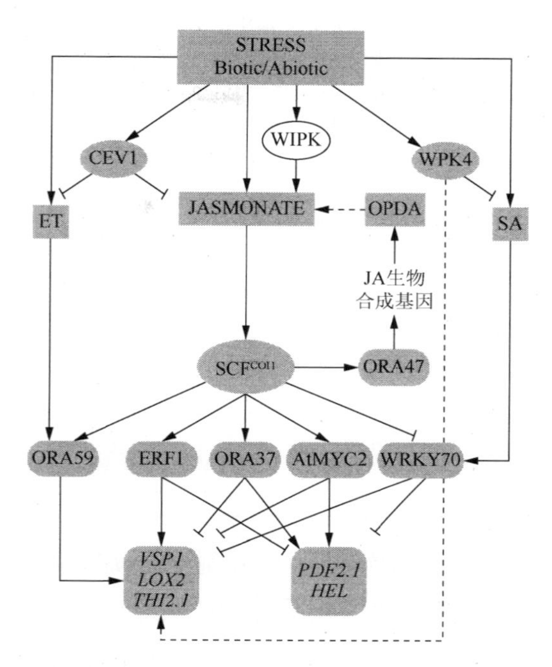

图 1-4　参与 JA 信号途径和 JA 与乙烯及 SA 互作的转录因子

正或者负调控在不同基因的不同群体中。MYC2 和 ERF1 的拮抗作用可能会引起伤信号和病原菌防御信号间的独立。

（3）在生长发育中的功能。①抑制根的生长。这是检测到的 JA 的第一个生理功能。表 1-1 总结了 JA 在植物生长发育中的作用（Wasternack，2007）。JA 或者它的甲酯在极低的浓度（皮摩尔）就可抑制根的生长，因此，JA 的不敏感突变体如 *coi1*、*jin1* 或 *jar1* 在根的生长上有相似的效果。例如，用 JAME 处理与未处理的拟南芥野生种，在突变体如 *cev1*、*cet1*、*joe2* 或 *cex1* 中，通过 JA 响应基因的过量表达导致 JA 始终维持在高水平引起根的退化及植株出现矮化现象，该结果与 JA 处理植株的结果相似。许多突变体通过影响 JA 和 COI 相关信号的转录来表达根生长抑制上的削减效果（Wasternack et al.，2006）。②块茎形成。通过 12-OH-JA 诱导块茎形成的功能被知晓已经有很长一段时间，起初，12-OH-JA 主要在茄科植物中发现，后来在拟南芥中被检测到而且被鉴定是磺基转移酶的底物（Gidda et al.，2003）。研究也显示它在不同组织和物种中大量存

表 1-1　JA 类物质在植物生长发育中的作用（Wasternack，2007）

发育过程	信号分子	作用/物种
根生长	JA、JA-Ile	抑制
种子萌发	JA	抑制
导管形成	12-OH-JA	诱导/马铃薯
卷须缠绕	OPDA	刺激/泻根
感夜性	12-OH-JAGlu	刺激/合欢树
腺毛形成	JA	诱导/马铃薯
衰老	JA	促进
花发育、花粉发育和开裂	JA	诱导/拟南芥
雌性器官的发育	JA	诱导/马铃薯
雄蕊的伸长	JA	诱导/拟南芥

在（Wasternack，2007）。③卷须缠绕和触觉感知。对触觉调控植物进程的了解始于特别的器官，就泻根属（*Bryonia*）植物的卷须缠绕，一个高敏感的 JA 相关机制已经被发现，动力学响应的检测显示 OPDA 比 JA 效果更大（Blechert et al.，1999）。借助于细胞生物学、细胞化学和细胞生物化学的方法人们研究了合欢树感夜性是如何发生的，研究显示合欢树叶子的运动依赖于 12-OH-JA-O-glucoside 的对映体（Nakamura et al.，2006）。④花的发育。在植物生殖生长时，JA 对花药的形成和花粉管的延长具有非常重要的作用。拟南芥 *dadl*、*opr3* 等 JA 缺失突变体，由于花粉无法正常形成，导致植株雄性不育。研究发现，在 *opr3* 中雄蕊发育不完全与 JA 信号调控的 13 个转录因子的转录有关，其中 MYB21 和 MYB242 在雄蕊的发育过程中受 JA 诱导和调控（Mandaokar et al.，2006）。JAs 不仅为花粉发育所必需，而且还调控花丝的延伸及花药开裂时间。惊讶的是，JA 在不同植物中调控着截然不同的发育过程，如在拟南芥中，削弱 F-box 蛋白 COI1 会导致雄蕊不育，而在番茄中却是雌蕊致育所必需的（Xie et al.，1998）。虽然 JAs 在花发育中的分子作用机制尚不清楚，但可以肯定的一点是，JAs 调控着花粉和花药正常发育所必需的基因的表达。JA 和其他的脂类被推测通过在番茄胚珠中大量产生 AOC 蛋白和不同的类脂信号途径调控不同的番茄花器官，OPDA

和 JA 的总量与比例可以通过 AOC 过量表达来提高。低浓度 JA 可以促进植物开花，而高浓度则抑制开花，JA 的生理功能呈现出浓度依赖的特点（Miersch et al.，2004）。⑤衰老。最早对 JA 促进衰老的功能报道是 Ueda 和 Kato，在促进衰老方面单子叶植物对 JA 更敏感。外源 JA 处理拟南芥导致处理叶片和未处理叶片出现衰老，但是在 COI1 上未能观察到同样的症状。在植物衰老叶片中 JA 含量是未衰老叶片的 4 倍，同时 AOC1-4 都上调（He et al.，2002）。衰老是植物发展的最后阶段，JA 在衰老中的角色为：向下调节通过光合基因编码的管家蛋白（housekeeping proteins）；向上调节基因对生物和非生物胁迫的活性（Wasternack et al.，2006）。JA 在拟南芥叶衰老中的作用是通过对 JA 生物合成基因的表达分析得来的，另一个证明叶衰老的试验是通过分析鉴定水稻一个核定位 CCCH-type 锌指蛋白（zinc finger protein），该蛋白负调控 JA 途径导致叶衰老的进程被拖延（Kong et al.，2006）。

1.2.2 茉莉酸与水杨酸在伤信号转导途径中的关系

植物对于机械受伤和昆虫侵害等的抗性反应是个复杂的系统，茉莉酸信号途径起到主导作用，此外还受到其他多个信号途径的调控，如水杨酸（salicylic acid，SA）信号途径、乙烯（Eth）信号途径、脱落酸（ABA）信号途径等，并且这些信号途径之间都存在不同程度的交叉作用（李常保，2006；De Vos et al.，2005；Salzman et al.，2005；Li et al.，2004a；McDougald et al.，2003；Rojo et al.，1999），从而形成复杂的信号网络，共同调控植物的防卫反应。

植物经常遭受病原菌侵袭、机械损伤及昆虫和食草类动物的咬食，在长期的进化过程中，植物至少形成了抵抗这些外界伤害的两套生化防御系统，一套是由病原菌的侵染而引发的，通常表现为寄主植物的抗性（resistance，R）基因与病原菌互作，产生过敏反应（hypersensitive response，HR）形成坏死型病斑，这样被侵染的部位对再次侵染产生抗性，而且植株非侵染部位也被诱导产生抗性，即系统获得性抗性（systemic acquired resistance，SAR）；另一套则是由于机械损伤及虫害等产生的，这种防御作用的产生有时也具有全株性。在这两套系统的诱导过程中产生的水杨酸（SA）和茉莉酸（JA）是其重要的信号分子。长期以来，SA 被认为是植物对病原菌入侵产生抗性反应的信号分子，JA 则是植物对创伤产生抗性反应的信号分子，两者在产生途径、诱导因子及诱导基因表达等方面各不相同，即这两套防御系统是相对独立的。

SA 是一种内源酚酸类生长调节物质，参与调节植物的许多生理进程，如在‘Arum’百合中它是一种天然的热感应器，诱导牧区植物开花，调控离子通过根的摄取和气孔电导率。研究证明，SA 参与拟南芥中有关叶衰老的基因表达调控（Morris et al.，2000），此外它还充当向重力性的调节器，抑制果实的成熟（Srivastava and Dwivedi，2000）和其他进程。在过去的几十年中，它之所以引起研究者的注意是因为它能诱导植物通过病程相关蛋白（PR）对病菌产生系统获得性抗性（SAR），而 SA 能诱导这些病程相关基因的表达（Shakirova et al.，2003）。

JA 与 SA 之间的相互作用比较复杂。研究表明，它们两者间既有协同作用又有拮抗作用。首先表现在两者之间的拮抗作用。例如，在烟草中，SA 处理后抑制了 MeJA 诱导的碱性 *PR* 基因的表达，MeJA 也能抑制 SA 诱导的酸性 *PR* 基因的表达。SA 既可在 JA 的上游也可在 JA 的下游阻止 JA 的合成及其信号传导（Niki et al.，1998）。SA 可抑制番茄和烟草中 JA 的生物合成继而抑制伤诱导的 *JR* 基因的表达，但 SA 对外施 JA 诱导的同样的 *JR* 基因却无抑制作用（Baldwin et al.，1997）。SA 对 JA 途径的抑制作用在番茄上可以找到很多事实（Doares et al.，1995）。拟南芥遗传学研究也提供了这方面的证据，在 *eds4* 和 *pad4* 突变体中，SA 的积累被削弱，但 JA 依赖相关基因的表达却在增加；在 *cpr6* 突变体中，SA 和 JA 防御物质积累水平提高；在 *eds5* 突变体中，SA 水平降低，*PDF1.2* 表达则进一步增加（Clarke et al.，2000）。

有更多的证据表明 JA 抑制 SA 信号的表达。在烟草上的研究显示，JA 抑制 SA 防御相关基因的表达（Niki et al.，1998），用 *Erwinia carotovora*

（现在已经知道在拟南芥中它被JA信号激活）产生的诱导子处理烟草，结果会抑制SA防御相关基因的表达（Norman et al.，2000）。在拟南芥中三个JA信号突变体（*mpk4*、*ssi2*和*coi1*）已经为JA负调控SA的防御物质的表达提供了遗传学上的证据。此外，如果削弱JA信号，*mpk4*和*ssi2*突变体中SA调控的防御系统就会表达，进而增加对*Pseudomonas syringae*和*Phytophthora parasitica*这两种病菌的抵抗性（Shah et al.，2001），*coi1*突变体中SA防御相关基因的表达和对*P. syringae*病菌的抗性都增加，*COI1*编码一个被猜测通过钝化对JA调控响应的负调控去调控JA信号的F-box蛋白（Xie et al.，1998）。通过观察番茄中对JA不敏感的突变体如*jai1*，显示其对*P. syringae* 的抗性增强（Li et al.，2001）。

JA与SA途径并非总是表现出拮抗，也存在着协同效应。本书列举一些有限的证据表明SA与JA之间的协作效应。Sano和Ohashi（1995）发现，SA和JA途径会同时存在，伤信号和病原信号途径间存在交叉（crossing）。对烟草植株的研究试验结果表明，SA和JA对*PR1b*基因的表达有协同作用；在拟南芥中的芯片分析表明，超过50种相关防御基因的表达是通过SA与JA的协同作用而实现的（Kunkel and Brooks，2002）。转录水平基因表达分析也显示，有相当一部分基因的表达受两种激素共同诱导或抑制，表明两种信号途径有一部分重叠（Schenk et al.，2000）。

1998年Niki等以烟草为材料进一步证明了伤诱导信号传导途径中JA和SA之间的相互关系（图1-5）：正常情况下，植物体将伤信号传递给JA，JA诱导产生碱性PR蛋白（图1-5中①和⑤）（Niki et al.，1998；Doares et al.，1995）；当植物体内细胞分裂素含量高时，伤信号则传递给SA，SA诱导产生酸性PR蛋白（图1-5中③和⑦）（Niki et al.，1998；Sano and Ohashi，1995）。SA和乙酰水杨酸能抑制JA的合成，并且是JA诱导蛋白表达的阻断剂（图1-5中②和⑥）（Doares et al.，1995）。而JA能抑制SA的合成及SA诱导的酸性*PR*基因的表达（图1-5中④和⑧）（杜孟浩，2004）。

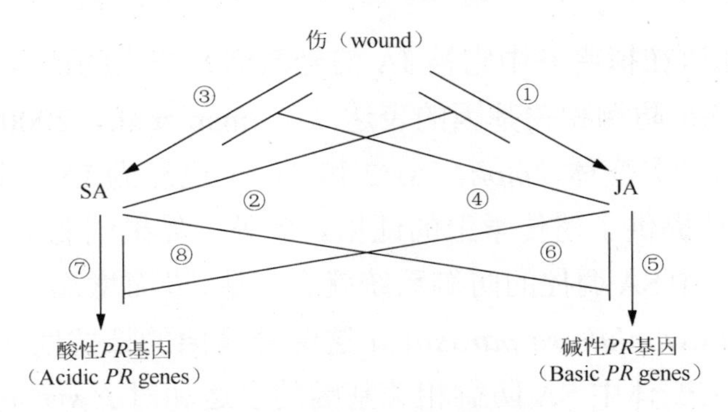

图 1-5　伤信号途径中 JA 和 SA 的相互关系（Niki et al.，1998）

1.2.3　茉莉酸与脱落酸在伤信号转导途径中的关系

脱落酸（ABA）作为植物激素能调控植物发育、种子休眠、萌发、细胞分裂和细胞对环境的应答反应如干旱、冻害、盐胁迫、病菌入侵和紫外辐射（Finkelstein et al.，2002）。ABA 还可以通过调控离子从保卫细胞中流出而诱导气孔快速关闭，从而限制水分通过蒸腾的散失（McAinsh et al.，1990）。此外，ABA 还可以减缓基因表达，由此改变细胞对脱水的忍受程度（Zou et al.，2007）。

研究显示，在伤信号反应中，JA 和 ABA 都充当信号分子（Farmer and Ryan，1992）。在马铃薯块茎的伤反应中两者一起诱导 mRNA 水平 *StMPK1* 的增加，SA 处理后在转录水平上很少或者不诱导 *StMPK1* 的增加。这个结果很令人惊讶，是因为在烟草中 *StMPK1* 和 *SIPK* 有很高的同源性，而 SA 处理烟草叶后可强烈地诱导 *SIPK* 的表达（Zhang and Klessig，1998）。SA 处理马铃薯块茎后并不能诱导一种参与伤害和病菌入侵反应的胞溶质蛋白 StCyP 的积累（Blanco et al.，2006；Godoy et al.，2000）。外施 ABA 可诱导 JA 合成，而且在伤信号转导链中 JA 位于 ABA 下游，诱导编码蛋白酶抑制剂II的 *pin2* 基因表达。马铃薯、烟草和番茄等植株在伤害胁迫下受伤部位和非受伤部位 ABA 和 JA 都升高（Cortés et al.，1996）。Birkenmeier 和 Ryan（1998）研究也指出，ABA 作为一个主要组分参与活化防御基因表达伤信号转导过程。用 ABA 和 JA 处理番茄、马铃薯、烟草就如同机械伤害处理上述植物一样，都可诱导局部和整株植物 *PI-2*（蛋白酶抑制剂基因）的表达（Farmer and Ryan，1992），在植株受到伤害后，可以检测到高水平的 ABA 和 JA 的积累。据此研究者推测，*PI-2* 的表达是因为伤害植株 ABA 和 JA 积累的结果，但对 ABA 是否能诱导番茄中防御基因的表达存在争议（Birkenmeier and Ryan，1998），而 JA 是 LA（亚麻酸）通过十八碳烯酸途径生成的（Farmer and Ryan，1992），参与该途径的一些酶可以被伤害诱导（Zhang et al.，2004）。

破坏转录因子 AtMYC2（一种正向调控 ABA 信号的因子）会增加基础水平和 JA 及 Eth 防御基因的表达。对 JA 不敏感突变体 *jin1* 的分析显示，*jin1* 是 *AtMYC2* 的等位基因。*AtMYC2* 激活参与 JA 所调控的伤害响应系统的基因，但是却抑制 JA 所调控的病原体响应系统的基因。*AtMYC2* 是 ABA 和 JA 信号的结合点，它激活 ABA 调控的基因表达，抑制 JA 调控的防御基因。因此，*jin1*、*AtMYC2* 和 ABA 生物合成突变体 *aba2-1* 对各种病菌侵染更有抵抗力，而且它们对病菌的抵抗先于 JA 和乙烯（Lorenzo and Solano，2005）。Pena-Cortés 和 Willmitzer（1995）研究表明，在伤害胁迫下，马铃薯、烟草和番茄等植株受伤部位和未受伤部位的 ABA 和 JA 都升高。Creelmn 和 Mulent（1995）研究表明，大豆叶片水分胁迫处理后 ABA 与 JA 含量明显增加，而且 JA 比 ABA 积累早 1～2h，并在短时间内比 ABA 含量高。Reymond 等（2000）的研究对 ABA 作为伤信号功能提出新的看法，认为伤害引起 ABA 含量增加可能与伤口部位失水干燥有关，并推测 ABA 不是伤信号转导中的基本成员，可能在伤反应中只起辅助作用。ABA 是植物体内重要激素之一，在多种逆境中发挥重要作用，在伤反应中的作用以及与 JA 信号转导的关系有待于进一步研究。

1.2.4 茉莉酸与乙烯在伤信号转导途径中的关系

气态植物激素乙烯，尽管结构简单，但对于植物发育过程和各种环境信号的响应调控起着非常重要的作用。果实的成熟、根毛的发生、根的结瘤、幼苗的生长、种子的萌发、器官的衰老和脱落，以及植物对各种生物和非生物信号的响应如损伤、病菌的浸染、干旱、盐胁迫等都离不开乙烯（Aboul-Soud and El-Shemy，2009；Dugardeyn and Straeten，2008；Bleecker and Kende，2000）。

众所周知，植物在受到物理性伤害或环境胁迫时，会迅速产生大量乙烯。其作用似在阻止因伤害而引起的病菌侵染与表达，以减少胁迫的不利影响。一些参与乙烯生物合成的 ACC 合成酶基因已被确认为早期伤反应基因（Reymond and Farmer，1998）。另外许多乙烯反应的转录因子如 EREBPs 可被伤害快速诱导，这些转录因子可能直接参与活化乙烯反应基因（Cheong et al.，2002）。伤信号通路与乙烯信号通路的交互作用可能发生在转录水平（孙清鹏，2003；Cheong et al.，2002）。

JA 和乙烯在调节不同的胁迫响应和发育过程中既相互协同又相互拮抗，这两种不同的作用取决于胁迫的种类和防卫反应类型。一些研究表明，JA 和乙烯的信号之间存在着积极的互作效应。在感染 *Alternaria brassicicola* 后，防御相关基因 *PDF1.2* 表达要求乙烯和 JA 信号参与；当外源施加后，JA 和乙烯出现功能上的互相增效进而诱导拟南芥 *PDF1.2*、*HEL* 和 *CHIB* 基因的表达（Norman et al.，2000），以及烟草中渗透蛋白（osmotin）和 *PR1b* 的表达。在拟南芥中几乎一半的防御基因被外源施加乙烯诱导后用外源 JA 处理也能诱导（Kunkel and Brooks，2002；Schenk et al.，2000）。Penninckx 等（1998）进一步研究指出，植物受伤害后，乙烯和 JA 调控与防御相关基因 *PDF1.2* 的表达，被乙烯和 JA 同时激活的信号途径的触发需要去诱导该基因的表达；在拟南芥突变体中的研究显示，该基因的表达不能单独被乙烯或 JA 激活，这些结果显示在乙烯和 JA 信号途径之间存在着互作。

O'Donnell（1996）的研究表明，乙烯参与了 JA 介导的伤信号反应，伤害和 MeJA 处理番茄悬浮培养细胞后诱导乙烯迅速产生，30min 可检测到，4h 内降至基础水平，在 2～4h 后检测到 *pin* 基因转录；在乙烯抑制剂（STS、NBD）存在下外施 JA 对 *pin* 基因表达无效，表明乙烯可能在伤害信号转导中位于 JA 的下游。研究显示，伤害、MeJA 以及 JA 处理都会诱导笋瓜（*Cucurbita maxima*）中编码 ACC 的基因 *CM-ACS*1

表达，乙烯处理却抑制该基因的表达（Watanabe et al.，2001a；Watanabe and Sakai，1998）。O'Donnell 等（1996）报道，在受伤番茄中，JA 诱导乙烯的生成，乙烯和 JA 一起调控一个与伤害有关的蛋白酶抑制剂基因的表达（Watanabe et al.，2001b）。外源施加 JA 和 ACC（乙烯前体物）会引起利马豆叶片挥发物的产生，由此得出，在伤信号转导过程中乙烯和 JA 在防御基因的表达和 VOC 的释放中扮演着重要的角色（Navia-Giné et al.，2009；Dahl and Baldwin，2007）。

也有一些研究表明，JA 和乙烯两条信号途径是相互抑制的。例如，烟草中，JA 和乙烯相互拮抗地调节抗虫物质尼古丁（nicotine）的生物合成（Shoji et al.，2000），另外，在拟南芥中诱导的细胞死亡的调节上 JA 和乙烯也有相反的作用（贾承国，2009；Tuominen et al.，2004）。

1.2.5 茉莉酸与一氧化氮在伤信号转导途径中的关系

一氧化氮（nitric oxide，NO）是植物体内广泛存在的调节物质。NO 作为生物信号分子第一次被描述是在哺乳动物中，它参与诸如动物平滑肌的松弛、神经转导、免疫调控、细胞凋亡等。在植物上的首次研究是基于 NO 对林业树木器官的毒害作用（NO_2，N_2O_3，NO_2^-，NO_3^-），主要是在植物的光合器官和叶绿素水平上。具有开创性的突破研究是 1998 年 NO 作为信号分子在植物上的研究报道（Delledonne et al.，1998）。NO 参与植物的各种细胞进程，如生长和发育，呼吸代谢、衰老和成熟，以及植物体对低温、高温、机械损伤、干旱、盐分、激发子和病原菌等生物和非生物胁迫反应（Magdalena and Jolanta，2007；Zhao et al.，2007；Pedranzani et al.，2005；Hung and Kao，2003；Leshem et al.，1998）。植物体内至少存在 3 条形成 NO 的途径，即通过一氧化氮合酶、硝酸还原酶或亚硝酸还原酶（NR/NiR）和非酶途径形成 NO（Wojtaszek，2000）。

大量研究证明，NO 在伤害和 JA 信号途径中起到重要的作用。在番茄中 NO 可能负调控伤反应（Orozco-Cárdenas and Ryan，2002），JA 诱导 *ARGINASE* 的表达，而 *ARGINAS* 却抑制 NO 的生成（Chen et al.，

2004)。Huang 等(2004)报道在拟南芥中伤害迅速诱导 NO 的积累，NO 进而诱导 JA 合成的关键酶的表达。NO 供体既能抑制伤害诱导的 H_2O_2 的积累，也能抑制伤害或 JA 诱导的抗性基因的表达，这种抑制与水杨酸(SA)无关(David et al.，2004；Orozco-Cárdenas and Ryan，2002)。Orozco-Cárdenas 和 Ryan(2002)研究还推测，在 JA 主导的伤信号途径中，NO 可能在 JA 合成的下游和 H_2O_2 生成的上游起作用。在甘薯中，NO 供体延迟或减少伤害诱导 H_2O_2 的产生和 JA 相关基因 *IPO*(ipomoelin)的表达(Jih et al.，2003)。在甘薯和拟南芥表皮细胞中，伤害或 JA 不仅能诱导 NO 的产生，而且外源 NO 能诱导 JA 生物合成所有基因表达(Huang et al.，2004；Jih et al.，2003)。NO 处理不能增加 JA 水平，被伤害诱导的 JA 形成酶的表达与 NO 无关(Huang et al.，2004)。有趣的是，NO 处理 SA 缺陷体 *NahG* 植株会激活 JA 响应基因和 JA 生成，因此有学者认为在野生植物中，SA 负调控 NO 调控的 JA 的生物合成(David et al.，2004)。这些事实显示 JA 功能和它的合成被 NO 调控(Magdalena and Jolanta，2007)。

1.3 苹果机械损伤研究进展

1.3.1 苹果的无损伤检测研究进展

国外学者在苹果的损伤方面的研究工作开展得比较早。Zion 等(1995)用核磁共振成像对碰伤的“Jonathan”,“Golden Delicious”和“Hermon”苹果果实进行了检验。结果显示，在两个空间成像上，受损苹果比未受伤苹果图像要亮，对受伤苹果能 100%进行分拣。Varith 等(2003)用一种红外热像仪，将从 0.46m 的高度跌落至光滑地板的苹果贮藏在 26℃、50%相对湿度下 48h 再进行检测，检测时对果实又进行了加热和冷却处理。结果显示，两种果实在 30～180s 有 1～2℃的差别，对受损严重的“Fuji”和“Macintosh”苹果能 100%检出，最后指出，该技术可以为自动分拣伤果提供一个根据。来自比利时的 Xing 等(2005a，2005b)用多光谱成像系统在 400～1000nm 检测碰伤 1d 以后的“Golden Delicious”苹果，样品的表皮刨面直径是17mm。结果显示，该技术对“Golden Delicious”苹果正常果和损伤果分拣的准确率分别达到94%和86%。随后在2006年和2007年，该研究小组又分别应用可视近红外方法（Xing et al.，2006）和高光谱成像系统结合主成分分析法及偏最小二乘判别分析法（Xing et al.，2007）对该苹果的碰伤继续进行了研究，并指出了上述两种方法的可行性。ElMasry等（2008）用高光谱成像系统在400～1000nm检测碰伤1d以后的‘McIntosh’苹果，并筛选出了三个有效波长750nm、820nm和960nm，结果显示对受伤1h后的果实准确率比较高。Lu等（2010）用压力敏感膜技术检测从不同高度跌落至不同表面的苹果的碰伤，并建立了一个冲击力的回归模型对损伤面积和体积进行预测。

国内在苹果损伤检测方面也开展了一些研究。韩东海等（2003）通过对“富士”苹果正常部位和损伤部位的组织观察、近红外光谱的测量分析以及颜色的测量后指出，760～960nm的波长可以用于“富士”苹果表面损伤的检测，而且其损伤部位的吸光度随时间变化的关系符合方程$Y=aX^b$。戴炜等（2008）研究了撞击和静压损伤苹果微弱光值的变化规律。研究表明：采用微弱光检测数据，能很好地将受损苹果从苹果中区分出来；微弱光作为一种灵敏的检测技术，可以应用于损伤苹果品质检测。赵杰文等（2008）利用500～900nm的高光谱图像数据，通过主成分分析提取547nm波长下的特征图像，提出了利用高光谱图像技术检测水果轻微损伤的方法。试验结果表明，高光谱图像技术对苹果轻微损伤的检测正确率达到88.57%。陈育彦等（2009）利用波长650nm、功率25mW的半导体激光及计算机视觉技术，初步探讨了利用激光图像分析检测“嘎拉”苹果采后表面损伤和内部腐烂检测的可行性。

总之，在机械损伤苹果的检测方面，机器视觉系统已经能依据损伤果实的大小、颜色和其他损伤特征对苹果进行分类，然而它对于表面损伤的检测能力还是有限的，且检测结果不可靠。采用光谱学和高光谱成像系统提高了分类的准确性，因为较小或细微的特征和伤害后的成分变化对近红外区的特征波长比较敏感，借助分光镜的测量可以搜集每一时刻每一点的信息，但对于果实缺陷的准确分割限制了它的使用。近年来，高光谱或多光谱成像被用于对损伤果实的分拣。高光谱成像作为一种技术，它结合了传统的成像技术和光谱学技术，可以获得果实的三维立体信息和光谱信息（Zeebroeck et al.，2007）。综合来看，上述研究工作所用设备大多过于昂贵，数据分析处理也较为烦琐，因此，有必要进一步研究开发简单、快速、廉价的无损检测技术。电特性法是利用水果本身在电场中电特性参数的变化来反映水果的品质，测定的是水果的综合品质，而且所用的设备相对简单，信号的获取和处理比较容易，因此有着广阔的应用前景。

1.3.2　损伤苹果的电特性研究进展

在损伤苹果的电特性检测方面，国外尚鲜有资料报道，而国内张立彬等（2000）利用智能 LCR 测试仪、圆形平板电极系统和计算机及自主开发的水果电特性无损检测软件，用非接触式无损检测方法在线测定了不同品质的苹果的电特性差异。结果表明，在 33～100kHz 频率范围内，有腐烂或损伤的苹果的相对介电常数比完好的要大，测试频率的变化对相对介电常数基本无影响，并指出用相对介电常数来进行水果内部品质的判别是可行的。郭文川等（2006a）以“富士”苹果为对象进行了撞击和静压损伤对苹果电参数值影响的试验。结果表明，在苹果发生损伤后 0.5h 内，其相对介电常数和电阻率急剧变化，3h 后趋于稳定，而同期无损苹果的相对介电常数和电阻率基本保持不变；贮藏期间，撞击损伤苹果的相对介电常数持续增大并出现跃变，静压损伤苹果的相对介电常数迅速增大后保持不变，而无损苹果的相对介电常数一直呈增大趋势。

1.3.3　损伤苹果生理生化特性研究进展

苹果受到机械损伤后其内部品质指标变化方面国外尚鲜有资料报道，而国内研究资料也比较少。申琳等（1999）通过测定“红富士”苹果运输损伤后的生理生化变化，指出机械损伤破坏了膜的完整性，促进了脂质过氧化的产生，导致衰老症状的提前出现。王艳颖所在的研究小组在这方面的研究较多。他们以“富士”苹果为试材，研究了其遭受机械损伤后在两种贮藏温度（5℃和 18℃）下各种指标的变化情况，通过对抗氧化酶（SOD、CAT、POD 等）和抗氧化剂（GSH、AsA）的测定，得出机械损伤显著地诱导了抗氧化酶活性和抗氧化剂含量的变化，提高了受伤组织自身对伤害的修复能力，而且在低温下，受伤部位具有较高的对伤胁迫的修复能力（王艳颖等，2007a）；在对损伤后果肉颜色、果肉硬度、可溶性果胶和原果胶含量、纤维素含量及纤维素酶活性进行研究后指出，机械损伤破坏了细胞壁的组织结构，促进了果实的快速软化，随着贮藏期的延长，愈伤组织逐渐形成，从而达到伤害部位的自我修复，而且受伤果实在低温下贮藏时各种生理代谢缓慢，有效地延缓了受伤果的快速衰老（王艳颖等，2008a）。此外，他们还指出，果肉组织自身的保护酶系统对伤胁迫具有生理防御作用，在低温贮藏时酶活性较强能有效地延缓果实的衰老（王艳颖等，2008b），有利于保持苹果的贮藏品质（王艳颖等，2007b）。

1.3.4　损伤苹果其他方面的研究进展

在苹果损伤研究方面，国外在苹果对机械损伤的敏感性及损伤模型的建立上也开展了大量的工作。Chen 和 Baerdemaeker（1995）提出了测量苹果硬度的最适碰撞参数，冲击力锤的质量是 10g，初次接触速度是 1.4m/s，接触面和物体的弹力不超过 40MPa。Pang 等（1996）研究了“Gala”“Braeburn”“Fuji”“Granny Smith”四个苹果品种对碰撞损伤的敏感性。结果显示，其对碰撞损伤的敏感度排列顺序为：“Gala”＞“Granny Smith”＞“Fuji”＞“Braeburn”。Menesatti 和 Paglia（2001）在多元线性回归的基础上对四种果实（苹果、梨、杏和桃）提出了损伤指数（drop damage index，DDI），并指出 DDI 可以被用来测量果实对损伤的敏感性及抵抗性。Ragni 和 Berardinelli（2001）对苹果的力学性质和包装及分拣过程中的损伤进行研究后指出，在“Golden Delicious”

“Stark Delicious”“Granny Smith”“Rome Beauty”四个苹果品种中，“Stark Delicious”苹果对伤害的敏感性最强。Menesatti 等（2002）用非线性多元回归模型预测果实的损伤指数。Pasini 等（2004）以“Fuji”和“Gala”苹果为试材，通过模拟包装线上的两种碰撞研究了不同施肥水平对果实机械损伤的影响。结果显示，施肥水平对苹果伤害的敏感度有影响，而这种影响通过持续的贮藏可以改变，“Fuji”苹果对机械损伤比“Gala”苹果更敏感。Zeebroeck 等（2006）应用离散元法去预测“Jonagold”苹果因碰撞引起的损伤，结果显示，DEM 能在一个可以接受的方式内预测果实的损伤。在 2007 年，他们又将果实的温度、成熟度、采收期和曲率半径考虑进去，对 Studman 于 1997 年建立的损伤模型进行了发展（Zeebroeck et al.，2007b）。Acican 等（2007）通过模拟用木箱运输苹果得出，运输中木箱施加给苹果的机械力和损伤程度呈显著的线性相关，而底层苹果与最上层苹果的损伤也有显著的不同。

我国学者对表面缺陷的准确分割限制了计算机视觉技术在损伤苹果分级检测上的应用。赵志华等（2004）介绍一种新的分割算法——SUSAN 算子。应用 SUSAN 算子对苹果图像的缺陷区域进行分割，可以快速准确地分割出苹果图像上轻微的损伤，分割准确率为 96%。乔斌和王春光（2009）提出了一种基于二维最大熵的遗传聚类分割算法。该算法克服了仅利用一维灰度直方图熵法对损伤苹果切片图像进行的误分割，获得了较好的分割效果。此外，徐澍敏等（2006）利用 X 射线电子计算机扫描技术，测定了从不同高度下落的“富士”苹果 CT 值的变化规律。试验结果表明，受机械损伤的苹果，在相同的扫描层上，苹果的 CT 值随贮藏时间增加而降低，且苹果受机械损伤程度越高，苹果的 CT 值越低；随着扫描层位置与撞击点距离的增加，未受损伤苹果的 CT 值略有下降，而受机械损伤苹果的 CT 值明显上升；随着贮藏时间的变化，苹果 CT 值随受损伤程度的变化规律所不同。李晓娟等（2007）以天津蓟县苹果为试验对象，通过悬摆式碰撞试验，得到了苹果碰撞过程的加速度-时间曲线及其数学表达式。卢立新和王志伟（2007c）基于果实非损伤条件下的跌落冲击动力学特征，提出了表征其非线性黏弹性的本构模型与模型参数识别方法。随后，又基于损伤条件下果实刚性跌落冲击变形特征，建立了多层果实跌落冲击模型（卢立新和王志，2007a）；基于果实跌落冲击动力学特征，建立了表征其冲击损伤条件下的非线性黏弹性流变模型（卢立新，2008）和非线性力学模型与模型参数识别方法（卢立新，2009）。

第 2 章　苹果电学特性对病害响应的机理

2.1　LCR 电学测试系统及参数筛选

试验仪器采用西北农林科技大学张继澍教授购置的日本日置 3532-50 LCR 测试仪。该仪器虽可以在线同时无损检测 14 个电学参数，但同时检测这些参数不仅费时，而且数据处理的工作量也无限增大。通过大量的数据积累与处理，探讨这些电学参数之间的内在联系，从而尝试能否简化参数指标，可以为后续试验节省时间和财力。

2.1.1　材料与处理

供试苹果品种为“富士”，采自陕西省白水县试验农场，树龄 7 年。果实成熟时采收，采后当天运回西北农林科技大学实验室。选取大小均匀、健康无伤害的果实 20kg 供试验用。试验用“富士”苹果果实硬度为（9.16±0.50）kg/cm^2，可溶性固形物含量为（15±0.50）%。果实均用长×宽为 81.5cm×61.5cm 的聚乙烯薄膜袋（厚度为 0.02～0.03mm）包裹后分别放入塑料筐（长×宽×高=48.2cm×35.0cm×25.0cm）里，每箱装 6kg，设 3 个重复，置于（20±1）℃（RH：80%～85%）的室内贮藏。各重复随机取果 5 个（果实横径必须一致）进行标记，测定果实各电学参数指标。

2.1.2　测试系统组成

如图 2-1 所示，果实介电特性的测试系统由日本日置 3532-50 LCR 测试仪和计算机组成，测试仪的可测试频率范围为 42Hz～5MHz，两者以 RS-232C 串行接口为通信软件。在计算机上对测试仪进行参数设定，自动在线测量电学参数，并接收采集到的数据。测试探头为 9140 型 4 终端探头，电极采用铜制正方形平行平板电极，上下极板边长均为

6cm，极板间距可调。测试电源电信号采用频率为 100Hz～3.98×10^6Hz，电压为 1V 的正弦波，极板夹持力为 3N。

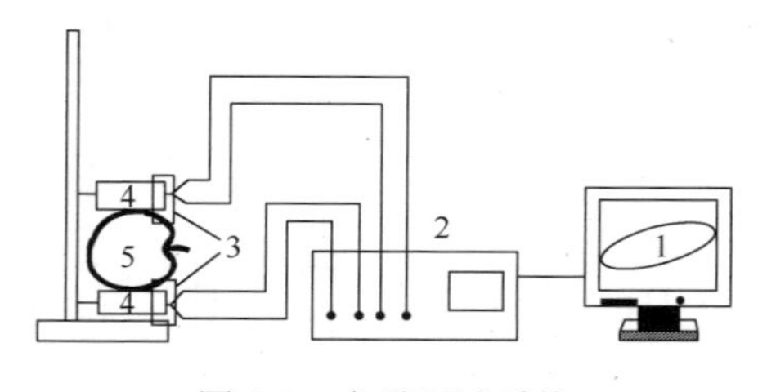

图 2-1　电学测试系统

1,计算机；2,LCR 测试仪；3,测试探头；4,平行电极板；5,样品

2.1.3　测试电路原理

细胞是生物有机体形态结构和生命活动的基本单位。在植物细胞的外层为细胞壁，里面是原生质体。原生质体包括细胞膜、细胞质和细胞核等结构。一个成熟的植物细胞中央往往有一个大液泡。通常细胞液分为细胞内液和细胞外液。细胞液除了含有多种有机化合物、无机盐及水外，还含有多种带电离子。

就物质的电特性而言，导体和绝缘体是两种极限情况。由于细胞中含有多种带电离子，在某些条件下，可以将细胞看作导体。而细胞膜由于富含纤维素、果胶质、脂肪和蛋白质而导电性很差，在某些条件下，又可以将细胞看作绝缘体。因此，可以将生物体看作是由电介质、导体或半导体等以不同形式组合而成的复合体。在实际情况中，大多数农业物料并不属于导体或绝缘体这两种极限情况，而是介于其间。虽然植物细胞的细胞液中含有大量的导电离子，但由于细胞膜的电阻值较大，它阻隔着膜两侧离子的扩散，只有某些离子能够轻易通过，因此，它们既具有导体的特性又具有绝缘体的特性。从电学的角度来讲，根据电容和电阻的特性就可以将农业物料看成是由电阻、电容串/并联而构成的等效电路。将所组成的等效电路进一步简化，就可以把其看作是由电阻和电容组合而成的并联电路或串联电路（郭红利，2004）。

图 2-2 是实现水果介电特性参数无损检测的等效电路原理图。在给

定的测量频率下，将被检测水果置于电极之间作为电容器的内部介质，正弦波发生器输出的驱动电流 I 流过被检测水果作为介质的电容器构成电路，经过简单的代数运算，便可得到被测水果的复阻抗。

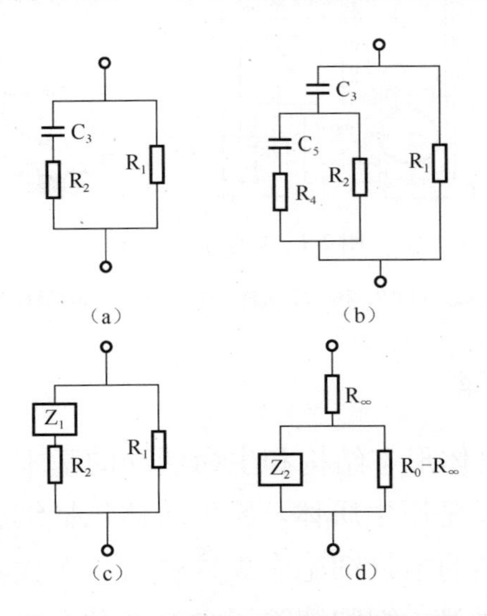

图 2-2　分析果肉组织阻抗特性的等效电路模型

（a）Hayden 等阐述的集总模型；
（b）Zhang 等（1990）阐述的集总模型；（c）和（d）是分解模型

图 2-2 中模型（a）Hayden 考虑了细胞壁的电阻和细胞膜的电阻和电容，其中 R_1 是细胞质的电阻，它包括了液泡的电阻 R_2，在模型（a）中薄膜电阻（C_3）考虑到非常小可以忽略；Zhang 等于 1990 年在此基础上又提出了模型(b)，认为液泡膜的电容(C_5)和液泡内部的电阻(R_4)对总阻抗有贡献，应该作为一个独立的部分被加进等效电路中；分解模型中，R_1 和 R_2 分别代表植物组织的胞外和胞内电阻（Wu et al.，2008）。

2.1.4　测试系统调零及测量参数设置

LCR 测量仪启动预热 2h 后，在测试之前必须进行手动调零。手动调零包括开路调零和短路调零两个步骤。开路调零时，必须将屏蔽双绞线与两极板断开进行调零，用于消除外界和内部杂散电感电容的影响；短路调零时，必须使双绞线连接在极板的一端短路进行调零，以部分消除串联电阻和电感的影响。这两步调零步骤不可省略，否则有可能使 LCR 仪因超出检测范围而不能正常工作。

电学指标测定在 LCR 测试仪预热调零之后进行。通过计算机设定测量参数：电压为交流电 1V，读数延迟 0.2s，频率（f）为 100Hz～3.98MHz，从 10 的 2 次幂开始，以 0.2 递增至最大值 3.98MHz（$10^{6.6}$）；测定时每个果实沿其纵径不同位置重复两次，然后将同一重复中 5 个果实的值求平均即得各电学参数的测定值。数据由计算机自动记录，四个电学指标为一组，一组指标的某个频率的读数时间为 1s 左右。

测定电学参数包括：复阻抗（Z）、导纳（Y）、阻抗相角（θ）、串联等效电容（C_s）、并联等效电容（C_p）、损耗系数（D）、串联等效电感（L_s）、并联等效电感（L_p）、Q 因子（Q）、串联等效阻抗（R_s）、并联等效阻抗（R_p）、电导（G）、电抗（X）和电纳（B）14 个电学参数。从图 2-2 可以看出，生物组织构成的是一个等效的并联电路，因此本书中将不再检测 C_s、L_s 和 R_s 三个串联电路指标。

2.1.5　结果与分析

1. 苹果果实 Z 值和 Y 值的关系

试验测定了 100Hz～3.98×10^6Hz 苹果果实的 Z 值和 Y 值，共有 360 个观测值。正如表 2-1 列出的部分数据所反映的那样，如果将 Z 值取倒数，则其倒数值与 Y 值相等，即 $Z^{-1}=Y$。

表 2-1　不同频率下苹果果实 Z 和 Y 测定值

f/Hz	Z/Ω	Z^{-1}/Ω^{-1}	Y/s
100	2.20×10^6	4.56×10^{-7}	4.56×10^{-7}
158	1.43×10^6	6.99×10^{-7}	6.99×10^{-7}
251	9.34×10^5	1.07×10^{-6}	1.07×10^{-6}
398	6.02×10^5	1.66×10^{-6}	1.66×10^{-6}
631	3.98×10^5	2.51×10^{-6}	2.51×10^{-6}
1000	2.64×10^5	3.79×10^{-6}	3.79×10^{-6}
1580	1.75×10^5	5.71×10^{-6}	5.71×10^{-6}
2510	1.16×10^5	8.65×10^{-6}	8.65×10^{-6}

续表

f/Hz	Z/Ω	Z^{-1}/Ω^{-1}	Y/s
3980	7.66×10^{4}	1.31×10^{-5}	1.31×10^{-5}
6310	5.04×10^{4}	1.99×10^{-5}	1.99×10^{-5}
10000	3.30×10^{4}	3.03×10^{-5}	3.03×10^{-5}
15800	2.16×10^{4}	4.63×10^{-5}	4.63×10^{-5}
25100	1.41×10^{4}	7.12×10^{-5}	7.12×10^{-5}
39800	9.03×10^{3}	1.11×10^{-4}	1.11×10^{-4}
63100	5.75×10^{3}	1.74×10^{-4}	1.74×10^{-4}
100000	3.52×10^{3}	2.84×10^{-4}	2.84×10^{-4}
158000	2.04×10^{3}	4.91×10^{-4}	4.91×10^{-4}
251000	1.08×10^{3}	9.23×10^{-4}	9.23×10^{-4}
398000	546	1.83×10^{-3}	1.83×10^{-3}
631000	278	3.60×10^{-3}	3.60×10^{-3}
1000000	154	6.49×10^{-3}	6.49×10^{-3}
1580000	97.5	1.03×10^{-2}	1.03×10^{-2}
2510000	69.5	1.44×10^{-2}	1.44×10^{-2}
3980000	56	1.78×10^{-2}	1.78×10^{-2}

2. 苹果果实 D 值和 Q 值的关系

试验测定了 100Hz～3.98×10^{6}Hz 苹果果实的 D 值和 Q 值，共有 360 个观测值。从表 2-2 可以看出，当测试频率高于 398Hz 后，D 的倒数值几乎与 Q 值相等，即 $D^{-1}\approx Q$（f>398Hz）。

表 2-2　不同频率下苹果果实 D 和 Q 测定值

f/Hz	D/Ω	D^{-1}/Ω^{-1}	Q/s
100	0.15527	6.440394	6.89
158	0.14838	6.739453	6.85
251	0.16294	6.137228	7.17
398	0.15872	6.300403	6.44
631	0.15893	6.292078	6.36
1000	0.15709	6.365778	6.41
1580	0.15224	6.568576	6.60
2510	0.14537	6.878998	6.94
3980	0.13252	7.546031	7.49
6310	0.11903	8.401243	8.41

续表

f/Hz	D/Ω	D^{-1}/$Ω^{-1}$	Q/s
10000	0.10003	9.997001	10.05
15800	0.0663	15.08296	14.62
25100	0.03088	32.38342	32.00
39800	0.02388	41.87605	43.93
63100	0.10292	9.716284	9.57
100000	0.21476	4.656361	4.67
158000	0.34659	2.885253	2.89
251000	0.45965	2.175568	2.17
398000	0.48274	2.071508	2.07
631000	0.36492	2.740327	2.74
1000000	0.16499	6.060973	6.02
1580000	0.05367	18.63238	19.50
2510000	0.23661	4.226364	4.27
3980000	0.33862	2.953163	2.96

3. 苹果果实 Z 值、X 值和 L_p 值的关系

从图 2-3～图 2-5 可知，不同频率下，苹果果实的 Z、X 和 L_p 的变化趋势一样，那么它们之间是否存在着一定的联系？通过相关分析得出如下结论：Z 和 L_p 相关系数为 0.94689，概率 $P<0.01$，达到极显著水平；Z 和 X 相关系数为 0.9998，概率 $P<0.01$，也达到极显著水平；X 和 L_p 相关系数为 0.94505，概率 $P<0.01$，达到极显著水平。对其做线性回归，回归方程为：$Z=-691.458+0.9952X$；$Z=96718.61+664.55L_p$。

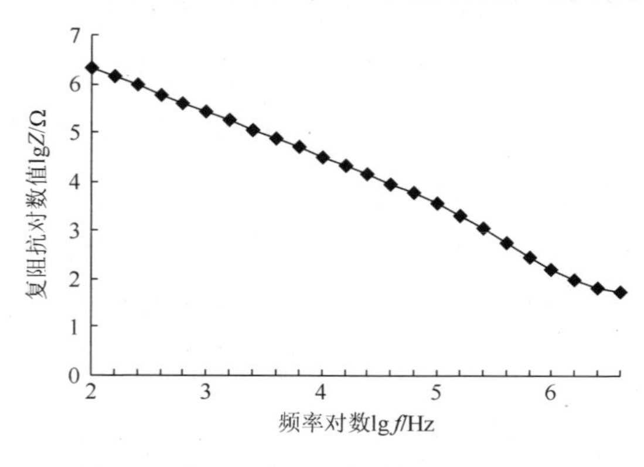

图 2-3　苹果果实 Z 值随频率变化曲线图

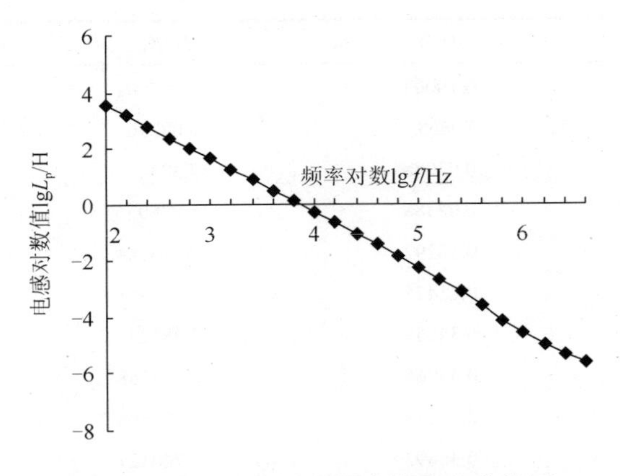

图 2-4　苹果果实 L_p 值随频率变化曲线图

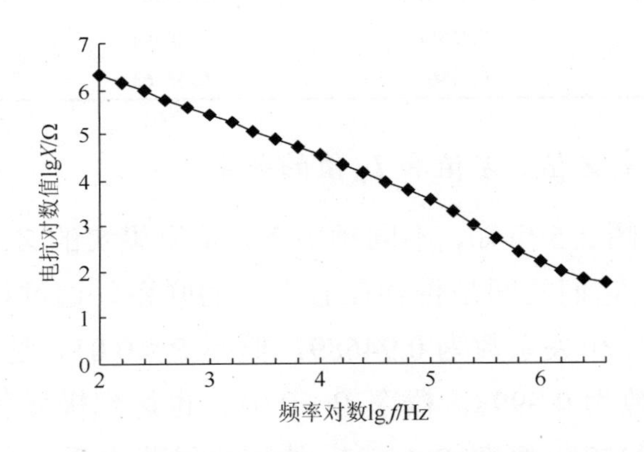

图 2-5　苹果果实 X 值随频率变化曲线图

通过上面的计算与分析，可以得出如下结论：

（1）对于生物组织的电学特性的检测，因为其等效电路模型是并联电路，所以检测时无须进行串联等效电容（C_s）、串联等效电感（L_s）和串联等效阻抗（R_s）的检测。

（2）对于苹果来说，复阻抗（Z）的倒数值与导纳（Y）值相等，即 $Z^{-1}=Y$；当测定频率大于 398Hz 时，其损耗系数（D）的倒数值约等于 Q 因子（Q），即 $D^{-1}\approx Q$（f>398Hz），因此对于 Z 和 Y、D 和 Q 两组指标，只需检测它们中的一个即可。

（3）对于苹果来说，其并联等效电感（L_p）、电抗（X）和 Z 之间存在着极显著的相关性，其中，Z 和 L_p 相关系数为 0.94689，Z 和 X 相关系数为 0.9998，因此这三个指标只需检测一个即可。

综合上述分析，对 LCR 测试仪的 14 个电学参数，只需检测如下 7 个电学参数，它们分别是：复阻抗（Z）、阻抗相角（θ）、并联等效电容（C_p）、损耗系数（D）、并联等效阻抗（R_p）、电导（G）、和电纳（B）。

2.2　电激励信号频率对红点病苹果采后电学特性的影响

红点病是套袋苹果受斑点落叶病菌（*Alternaria alternate* f. sp. Mali）侵染，脱袋后又遇降水天气而在果面呈现的一种以皮孔为中心的针状红色和紫红色斑点的非生理性病害（吴桂本等，2003）。研究红点病果实贮藏期电学特性的变化，对于揭示果实采后衰老的生物物理变化机理、丰富果实采后生理学的研究内容等均具有重要理论意义，也有助于从电特性角度揭示红点病病害发病的内在机制。但对果品电学特性的研究主要集中在果品的成熟度和新鲜度对电特性的影响（Guo et al.，2007；Martin-Esparza et al.，2006；Nelson，2005a；柯大观等，2002；胥芳等，1997；张立彬等，1996），很少见对病害果品电特性影响的研究报道。本书选用目前常见的“富士”苹果红点病果实为试材，研究 20℃恒温条件下贮藏 70d 的红点病果实在 100Hz、1kHz、10kHz、100kHz 和 1MHz 频率下复阻抗等电学参数，期望筛选出表示“富士”苹果红点病的电激励信号频率范围，为从电特性角度揭示红点病病害的内在机制提供理论参考。

2.2.1　材料与处理

1. 试验材料

供试苹果品种为“富士”，采自陕西省白水县试验农场，树龄 7 年。果实成熟时采收，采后当天运回西北农林科技大学实验室。分别选取大小一致的正常果实和病果（果面红点直径在 2mm 以下，红点数 3～5 个）

各 20kg。试验用果实硬度为（9.16±0.50）kg/cm^2，可溶性固形物含量为（15±0.50）%（采后装箱和室内贮藏条件同 2.1.1 小节）。采收当天各重复随机取果 5 个（果实横径必须一致）进行标记，每 7d 测定一次果实各电学参数指标。

2. 电参数测定方法

利用日本产日置 3532-50 LCR 型电子测量仪，采用平行板电极系统在线无损检测，测试频率为 42Hz～5MHz，实测频率为 100Hz～3.98MHz。测试夹具为仪器自带的 9140-4 型终端测试夹具。测试条件：温度为（20±1）℃，夹持压力恒定为 3.5N，施加电压恒为 1V。测试结果输出于计算机中。测定时每个果实沿着其纵径不同位置重复两次，然后将一个重复中 5 个果的值进行平均即得各电学参数的测定值。

3. 数据处理

测定数据用 SAS（V8.0）统计软件进行分析。

2.2.2 结果与分析

1. 贮藏期间苹果果实损耗因子（$\tan\delta$）的变化

$\tan\delta$是生物材料在电场作用下，由于介质电导和介质极化的滞后效应，在其内部引起的能量损耗。从图 2-6 分析可知，红点病病果和正常果在贮藏期间果实 $\tan\delta$的变化趋势是不一样的。病果的 $\tan\delta$在 7d 时有一个明显的攀升，且随试验频率降低其攀升幅度变大。其中，病果在 100Hz 下与贮藏初期相比其增幅达到 1457.28%，而在 1MHz 下其增幅仅为 771.52%。正常果的 $\tan\delta$在贮藏至 56d 时有一个骤降，与病果不同的是其随频率升高下降幅度也提高。其中，贮藏至 56d 的正常果在 100Hz 下 $\tan\delta$为贮藏初期的 172.42%，在 1MHz 下其降幅达到 768.22%。病果在 14～70d，正常果在 1～49d 期间，各个频率下其 $\tan\delta$的变化幅度都比较小。

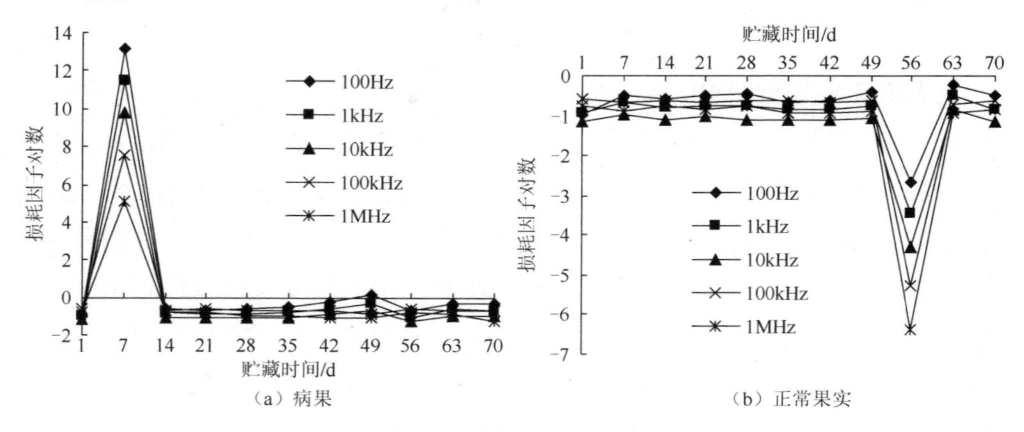

图 2-6　贮藏期间苹果果实损耗因子的变化曲线

2. 贮藏期间苹果果实介电常数（ε'）的变化

ε' 反映的是处在电场中的物质对能量的吸收能力（Everard et al.，2006）。其计算参照 Mariappan 和 Govindaraj（2006）的方法。从图 2-7 分析可知，红点病病果的 ε' 比正常果变化复杂。各个频率下的红点病病果的 ε' 均在贮藏 49d 时达到最大值，以 100Hz 为例，在 49d 时其 ε' 的对数值比 1d 时增加了 16.95%，而正常果的 ε' 则在贮藏 56d 时达到最大值。在同一贮藏时间下，不论是病果还是正常果，果实的 ε' 随着频率的增加均在减小，但当频率增加至 1MHz 时，其 ε' 的对数值开始增加，且各个贮藏期的 ε' 值几乎都大于 100Hz 下的 ε' 值。

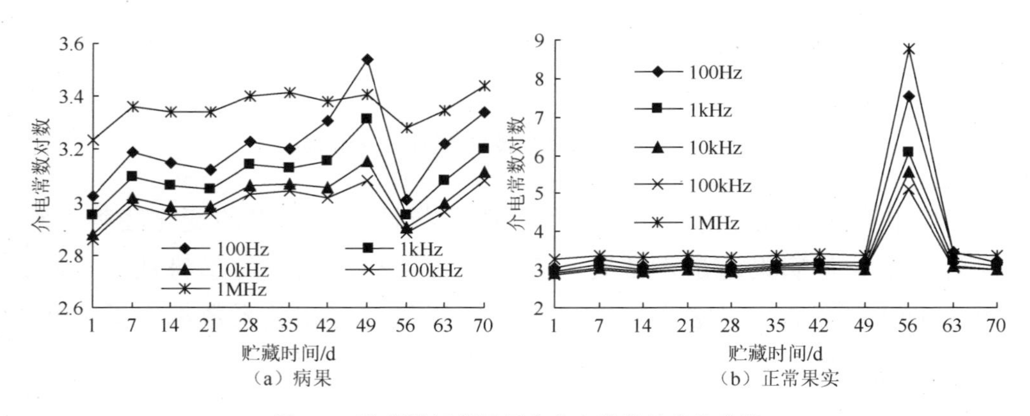

图 2-7　贮藏期间苹果果实介电常数的变化曲线

3. 贮藏期间苹果果实复阻抗（Z）和电抗（X）的变化

从图 2-8 分析可知，红点病病果和正常果在贮藏期间果实 Z 的变化趋势有些差异。在 100kHz 和 1MHz 下随贮藏时间的延长，两者的 Z 变化趋势是一条直线，直线的斜率几乎为 0。在 1kHz 和 10kHz 下，虽然病果的 Z 在贮藏 56d 时出现一很小的波峰，而正常果则在同一时期有一很小的波谷出现，但总的来说，在该频率下两者的 Z 随贮藏时间的延长变化不大。在 100Hz 下，病果的 Z 在 56d 时有一明显的峰值出现，而正常果的 Z 在贮藏 49d 时开始稍稍下降，并在 63d 时达到谷底，然后开始有所回升。对病果的 Z 进行分析可以看出，频率越低，其 Z 在 56d 时的峰值越明显。同一贮藏时间下，随着频率的增加，不论是病果还是正常果其果实的 Z 值均在减小。对 100Hz 下的病果和正常果，以及 1kHz、10kHz、100kHz 和 1MHz 的病果和正常果进行方差分析结果显示，两者差异均不显著（$P>0.05$）。

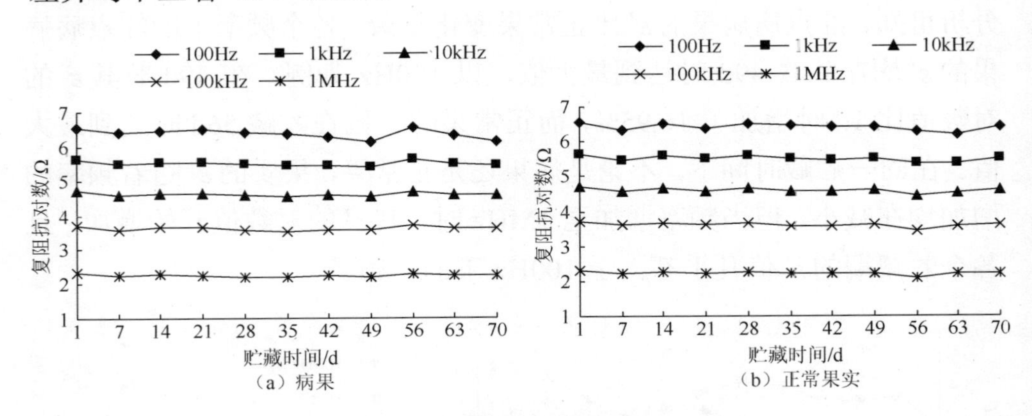

图 2-8　贮藏期间苹果果实复阻抗的变化曲线

与果实 Z 相比，相似的变化可以在贮藏时期果实 X 的变化趋势上观测到。不论是病果还是正常果，其 X 的变化和 Z 的变化趋势几乎一样。对 5 个频率下的病果 Z 和 X 方差分析结果显示，相关系数都大于 0.98，达极显著水平（$P<0.01$）。

4. 贮藏期间苹果果实电感（L_p）的变化

从图 2-9 分析可知，红点病病果的 L_p 变化趋势和正常果的完全不一样。对于病果，不管是在 1MHz 还是在 100Hz 下，其 L_p 随贮藏时间的延长变化都不大，只是随着频率的降低，在 56d 时其峰值越明显。而对于正常果，各频率下其 L_p 在贮藏 49d 以前随时间的延长变化很小，但在贮藏至 56d 时突然有一个明显的峰值，而且随频率加强，其峰值变大。例如，在 100Hz 下，正常果在贮藏 56d 时其 L_p 的峰值的对数值为 5.61H，比贮藏 1d 时增加了 1.85H；而在 1MHz 下，其峰值的对数值在 56d 时为 1.63H，比贮藏 1d 时增加了 6.12H。在同一贮藏时间下，随着频率的增加，不论是病果还是正常果其果实的 L_p 值均在减小，而且当频率高于 10kHz 时，其 L_p 的对数值均为负值。对 100Hz 下的病果和正常果，以及 1kHz、10kHz、100kHz 和 1MHz 的病果和正常果进行方差分析，结果显示两者差异均不显著（$P>0.05$）。对各频率下的病果的 L_p 和 Z 进行方差分析显示，各频率下两者间的相关系数均大于 0.95664，达极显著水平（$P<0.01$）。

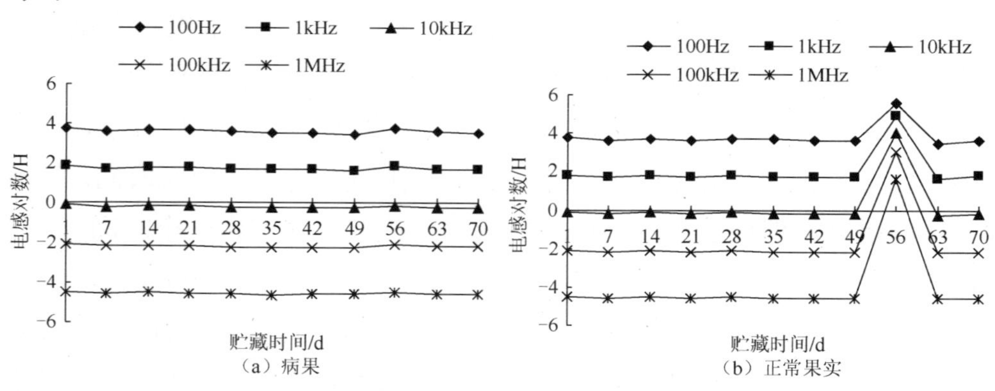

（a）病果　（b）正常果实

图 2-9　贮藏期间苹果果实电感的变化曲线

2.2.3　讨论

电特性能够被用来描述生物材料的物理特性，电传导、偶极子、电子、离子和麦克斯韦-瓦格纳效应直接影响原料的电学特性，与其密切相关的就是电磁波的频率（Komarov et al.，2005）。具体到水果等生物材料，其电学特性的影响因子包括频率、含水率、温度、成熟度、生物材料的有机组成等（Ahmed et al.，2007）。

ε'与物质的电容和它对电场能量的吸收能力有关。从本书可以看出，红点病病果的 $\tan\delta$和ε'的变化规律和正常果不一样，这两个电学参数在两种处理的果实上峰值出现的时间及变幅差异也比较大，方差分析结果也显示两种果实在这两个电学参数上差异显著（$P<0.05$）。$\tan\delta$除了在跃变期外，其在不同频率下随贮藏时间的变化并不明显，这点与 Nelson（2005a）在“dixired”桃（*Prunus percica* L.）上，Guo 等（2007）在 3 个苹果品种（“Fuji”、“Pink Lady”和“Red Rome”）上的研究结果相似，但与 Wang 等（2003）在苹果和樱桃上的研究结果有差异。Wang 等（2003）认为这两种水果的 $\tan\delta$ 在恒定温度（20℃）下随频率（1MHz～10000MHz）的增加而减小；在同一贮藏时间下，随着频率的增加（100Hz～100kHz），不论是病果还是正常果实的ε'均在减小，这与 Ikediala 等（2000）在苹果、Nelson 等（2003，2005a，2005b）在苹果、香蕉和葡萄等 9 种新鲜水果以及 Nelson（2005a）在“dixired”桃上的研究结果一致。Nelson（2005a）认为，导致果蔬组织介电特性差异的原因在于低频下离子的传导性和束缚水的松弛以及高频下自由水的松弛。另外，由于果品中主要组成部分是水，水是极性分子，当在极性分子上施加交流电压时，偶极子就会伴随电场的转动而取向，随着频率的增高，偶极子赶不上电场的变化，该取向就产生一个时间延迟，极化的减小表现为ε'随频率的增大而减小（郭文川等，2006b）。

红点病病果和正常果 Z、X 和 L_p 在不同频率下随贮藏时间的延长其变化幅度很小，方差分析也显示两种果实在这 3 个电学参数上的差异不明显。另外，从表 2-3 也可看出，红点病病果和正常果的 Z 以及红点病病果的 L_p 与贮藏时间的线性方程几乎均可用 $y=A$（A 代表某个常数）来表示。在同一贮藏时间下，随着频率的增加，果实的 Z、X 和 L_p 在减小，这与柯大观等（2002）在苹果、叶齐政等（1999）在番茄和杧果上所得结果类似。究其原因是构成水果的细胞是由电阻及电容较大的细胞膜与具有离子导电性的电阻较小的细胞液构成，而在外加低频交流电压时，由于低频电流只能通过细胞间的细胞外液，这样整个组织的低频阻抗较大，反之则相反（胥芳等，1997）。从书中还可看出，果实 L_p、X 与 Z 的关系极为密切，它们两者与 Z 之间存在着极高的线性关系。另外随着频率的降低，病果的 Z、X 和 L_p 三者在 56d 的峰值越明显，在 100Hz 以下测量红点病病果和正常果是否差异明显，以及在 56d 时果实内部究竟发生了什么样的生理生化变化值得进一步思考与试验。

表 2-3　红点病病果和正常果的复阻抗以及红点病病果的电感与贮藏时间线性相关分析

方程	相关系数 R^2	条件
y_1=6.500−0.00376x	0.3458	100Hz
y_1=5.548−0.00139x	0.1609	1kHz
y_1=4.617−0.00087x	0.1028	10kHz
y_1=3.636−0.00078x	0.1022	100kHz
y_1=2.262−0.00069x	0.1171	1MHz
y_2=6.506−0.00298x	0.3602	100Hz
y_2=5.583−0.00211x	0.3568	1kHz
y_2=4.655−0.00191x	0.3873	10kHz
y_2=3.667−0.00181x	0.3805	100kHz
y_2=2.284−0.00166x	0.3778	1MHz
y_3=3.681−0.00218x	0.2393	100Hz
y_3=1.752−0.00109x	0.1248	1kHz
y_3=−0.174−0.00089x	0.1213	10kHz
y_3=−2.145−0.00083x	0.1234	100kHz
y_3=−4.524−0.00075x	0.1398	1MHz

注：表中 x 代表贮藏时间，y_1、y_2 和 y_3 分别代表病果的复阻抗、正常果实的复阻抗以及病果的电感。

在果实的生命活动中，其内部含水率及其空间分布变化很大，在受到损伤或处于病态时，尤其如此。对苹果来说，病害侵染也可以看作是一种外界刺激。该刺激对苹果的影响能够从其宏观电学参数上表现出来。从书中对病果和对照果的分析可以看出，它们两者在 $\tan\delta$ 和 ε' 上有显著差异，其他 3 个电参数（Z、X 和 L_p）虽然差异不显著，但在数值及其峰值上还有差异。究其原因，是相对于健康果实，红点病病果随着病害的继续蔓延，果实内亚细胞结构改变和解体发生的细胞内自溶作用，导致整个代谢系统解体乃至最后原生质膜的破坏要比健康果实快很多；另外，镶嵌在细胞膜上的部分通道蛋白的开放在受到外界电压、化学和机械力等外因的诱导下才会开放，而病害刺激也可以作为其开放的诱导因子之一。当其开放时，细胞膜透性增加，导致电解质外渗，使质外体的导电性增强，电阻急剧减小，而细胞膜内电解液的外渗，又使膜间的导电性变差，电容明显减小。电阻的减小使流过电阻的电流明显增大，从而使能量的损耗急剧加大（朱新华等，2004）。各电学参数的主要影响因子就是电阻比较大的薄细胞膜，因而在电学参数方面，病果和正常果表现出明显的差异。

贮藏在20℃条件下的红点病病果和正常果，在100Hz、1kHz、10kHz、100kHz 和 1MHz 频率下，其损耗因子和介电常数随贮藏时间的延长差异明显，基本可以正确反映水果的实际品质情况，为深入研究苹果红点病发生发展的内在机制提供了一定的理论参考。

2.3 100Hz～3.98MHz 下“富士”苹果虎皮病果实电特性研究

虎皮病（superficial scald）是苹果和梨贮藏中在其表皮出现褐色或黑色斑点或斑块的一种重要的生理性病害。从贮藏冷库中取出会加速该病的恶化，从而使果品失去食用和商业价值（Seok-Kyu and Chris，2008；Taehyun et al.，2007；Emongor et al.，1994）。研究虎皮病果实贮藏时期电学特性的变化，对于揭示果实采后衰老的生物物理变化机理、丰富果实采后生理学的研究内容等均具有重要理论意义，而且有助于从电特性角度揭示虎皮病病害发病的内在机制。对虎皮病的研究主要集中在对其发病机理（苑克俊等，2007；Ahn et al.，2007；胡小松等，2004，2005）及病害发展的控制方面（Rudell and Mattheis，2009；Whitaker et al.，2009；Jung and Watkins，2008；Jemric et al.，2006；Zanella，2003），罕见对虎皮病电特性方面的研究报道。本书选用“富士”苹果虎皮病果实为试材，研究贮藏 1d、8d、15d、22d 和 29d 果实电参数值的变化，探讨利用电特性参数的变化来反映苹果内部的物理化学变化，为从电特性角度揭示虎皮病病害的内在机制提供理论参考。

2.3.1　材料与处理

1. 材料

果实的采收、采后挑分及装箱同 2.1.1 小节。将果实置于（1±0.5）℃、相对湿度 85%～95%的冷库内贮藏。贮藏 6 个月后从冷库内取出，置于（20±1）℃恒温、相对湿度 80%～85%的室内贮藏以诱发虎皮病，并以同一天发病的果实为实验用果，再选取正常果作为对照，继续置于上述环境下贮藏。对上述各个果实进行标记并于 1d、8d、15d、22d 和 29d 分别测定果实各电学参数指标。

2. 电参数测定方法

测定方法见 2.1.4 小节。

3. 数据处理

数据采用 SAS（V8.0）统计软件进行分析。

2.3.2　结果与分析

1. 贮藏期间苹果果实复阻抗（Z）和电抗（X）的变化

Z 是指由电阻、电容和电感组成的生物体等效复合电路中电阻与电抗的总和。从图 2-10 分析可知，病果和对照果在贮藏期间果实 Z 的变化趋势是一致的，在各个贮藏期，果实的 Z 都是随着频率的增大逐渐减小，其中在 100Hz～250kHz，果实 Z 下降得比较快，但在 251kHz～3.98MHz，果实 Z 下降得比较平缓。以贮藏 8d 的病果为例，在 100Hz～250kHz，果实 Z 降幅为 50.33%；在 251kHz～3.98MHz，果实 Z 降幅则为 40.34%。对贮藏 1d 的病果和正常果，以及贮藏 8d、15d、22d 和 29d 的病果和正常果进行方差分析结果显示，两者差异均未达显著水平（$P>0.05$）。通过线性拟合发现，不同贮藏期（1d、8d、15d、22d 和 29d）

病果果实 lg$Z$ 与 lg$f$ 均有很好的线性关系，斜率分别为-0.81、-0.99、-0.68、-0.95 和-0.74，R^2 均大于 0.95；以贮藏 29d 的病果为例，其拟合的线性方程为：lg$Z$=6.77-0.74lg$f$。

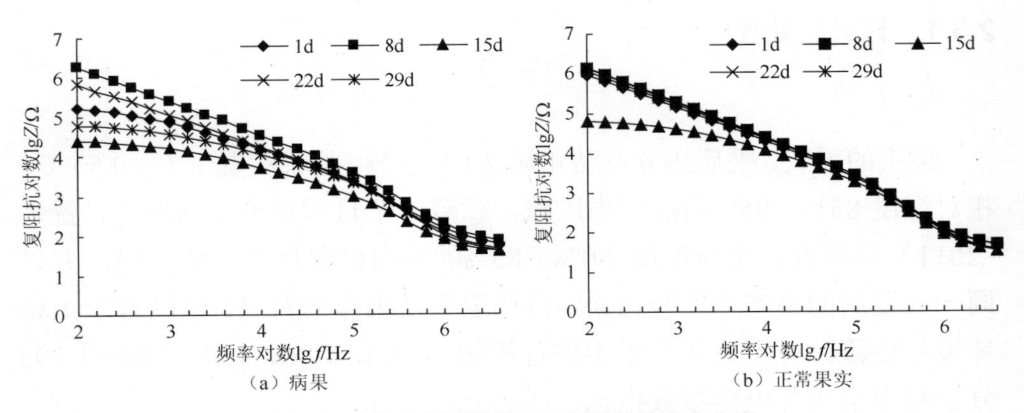

图 2-10　贮藏期间苹果果实复阻抗的变化曲线

X 反映的是生物体等效复合电路中电容及电感对电流的阻碍作用。与果实 Z 值相比，病果和正常果 X 的变化和 Z 的变化趋势极为类似（图 2-11）。对各贮藏期病果 Z 和 X 进行相关分析显示，R^2 均达到 0.99，达极显著水平（P＜0.01）。各贮藏期的病果和正常果 X 差异均未达显著水平（P＞0.05）。

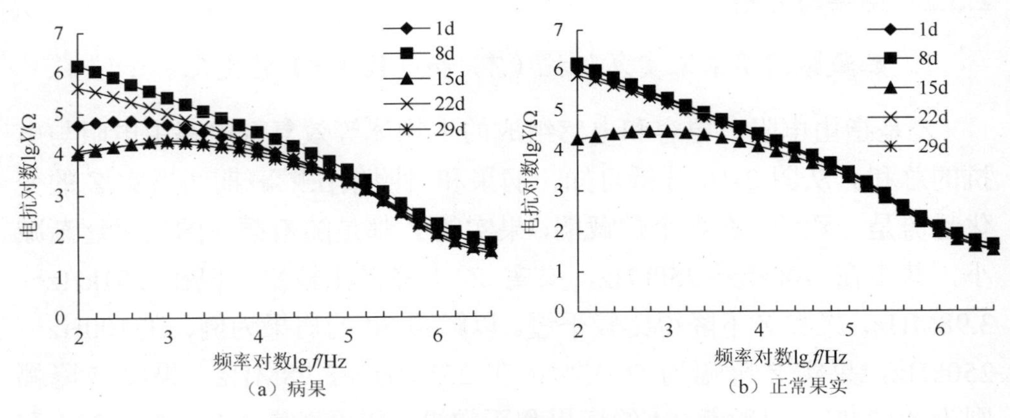

图 2-11　贮藏期间苹果果实电抗的变化曲线

2. 贮藏期间苹果果实电导（G）的变化

G 是反映电介质传输电流能力强弱的参数，其值与生物体的电导率和几何形状及尺寸有关。从图 2-12 可知，病果和正常果的电导在贮藏期间都呈螺旋上升趋势。贮藏相同时间的病果与正常果相比，其第一个拐点的频率要比正常果高，而正常果的第二个拐点都为 39.8kHz，病果的第二个拐点集中在 100kHz 附近。对贮藏 1d 的病果和正常果，以及贮藏 8d、15d、22d 和 29d 的病果和正常果进行方差分析显示，病果和正常果 G 只在 29d 时差异达到极显著（$P<0.01$），其他各贮藏期差异均未达显著水平（$P>0.05$）。

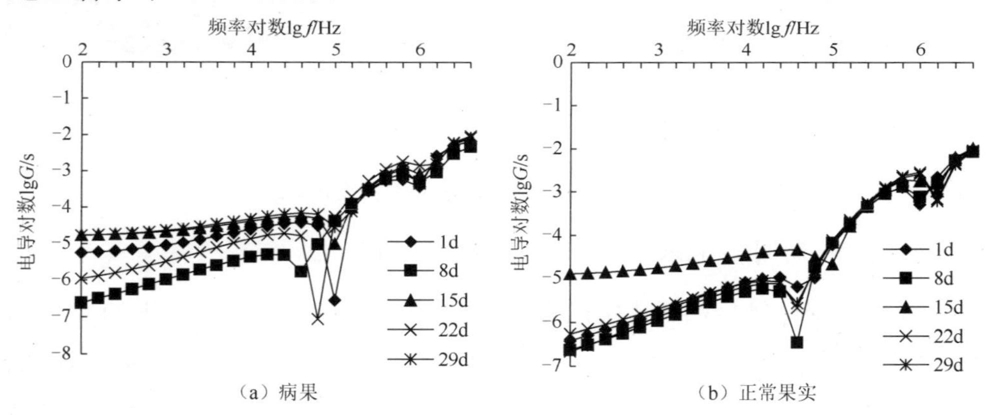

图 2-12　贮藏期间苹果果实电导的变化曲线

3. 贮藏期间苹果果实电容（C_p）的变化

C_p 反映的是在给定电位差下的电荷储藏量。一般来说，电荷在电场中会受力而移动，当导体之间有了介质，则阻碍了电荷移动而使得电荷累积在导体上，从而造成电荷的累积储存。由图 2-13 分析可知，在不同的贮藏期，随着频率的增加，苹果虎皮病果实和对照果实 C_p 的变化均呈现降→升→降趋势。对病果而言，在 0.1～100kHz 和 1～3.98MHz，其 C_p 呈下降趋势，而正常果的 C_p 则在 0.1～63.1kHz 和 1.58～3.98MHz 间呈下降趋势。与正常果相比，在 63.1kHz 之前，病果的 C_p 降幅更大；以贮藏 29d 的果实为例，病果降幅为 10.69%，而正常果仅为 7.40%。不论病果还是正常果，在同一频率下，随着贮藏期的延长，其电容值变化比较复杂。对贮藏 1d 的病果和正常果，以及贮藏 8d、15d、22d 和 29d 的病果和正常果进行方差分析显示，两者差异均达极显著水平（$P<0.01$）。

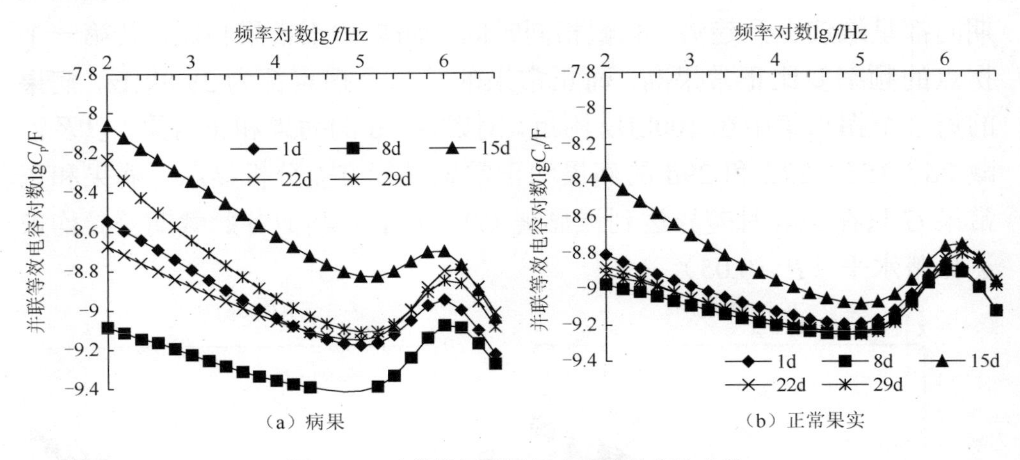

图 2-13　贮藏期间苹果果实电容的变化曲线

4. 贮藏期间苹果果实损耗系数（D）的变化

D 是生物材料在电场作用下，由于介质电导和介质极化的滞后效应在其内部引起的能量损耗。从图 2-14 分析可知，在不同的贮藏期，随着频率的增加，虎皮病病果和正常果 D 的变化均呈“W”形变化趋势。对于病果，只有贮藏 8d 和 22d 的果实的损耗系数的对数值为负值，而正常果，其贮藏 1d、8d、22d 和 29d 的果实其损耗系数的对数值均为负值。病果因其不同时期果实所处状态不同，D 值的两个最小值出现的频率也不同，而正常果因在一个月之内其果实内在状态变化不大，其 D 值的两个最小值出现的频率相对集中在 39.8kHz 和 1.58MHz。从图中还可以看出，不论病果还是正常果，其第一个峰值均出现在 398kHz。对贮藏 1d 的病果和正常果以及贮藏 8d、15d、22d 和 29d 的病果和正常果进行方差分析显示，病果和正常 D 只在 29d 时差异达到极显著（$P<0.01$），其他各贮藏期差异均未达显著水平（$P>0.05$）。

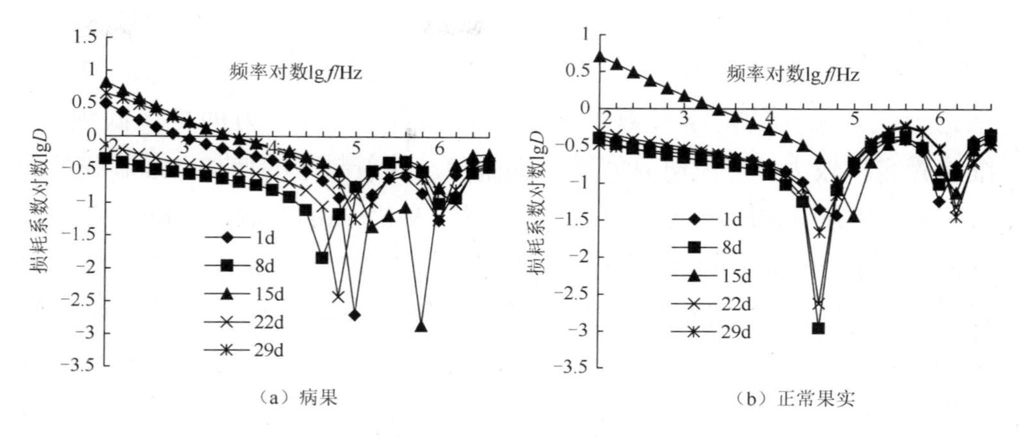

(a) 病果　　(b) 正常果实

图 2-14　贮藏期间苹果果实损耗系数的变化曲线

2.3.3　讨论

就物质的电特性而言，导体和绝缘体是两种极限情况。在实际情况中，大多数水果并不属于导体或绝缘体这两种极限情况，而是介于其间。水果具有弱导电性，当水果两端加载某一正弦交流电压时，其电特性就会表现出来。影响水果电学特性的因素很多，包括频率、温度、果品含水量、成熟度和有机组成等（Ahmed et al.，2007）。本书各指标是在恒温、果实含水量变化较小的保湿状态下测定的（贮藏结束时的果实失重率在 5.43%以下）。因而，试验中果实电特性的变化主要是因为频率和果实有机组成的变化而引起的，也就是说电特性的变化主要反映了果实不同贮藏期内部有机组成的变化。

从书中分析可看出，果实 X 与 Z 的关系极为密切，它们两者间存在着极高的线性关系，对频率的依从度很高；在不同的贮藏期，随着频率的增加，果实的 Z 和 X 均在减小，这与柯大观等（2002）在苹果、郭文川等（2002）在西红柿、叶齐政等（1999）在番茄和杧果、马海军等（2009）在苹果红点病以及 Wu 等（2008）在茄子上所得结论类似。研究发现，在低频（频率小于 39.8kHz）下，随着频率的增加，果实 G 呈现上升趋势，而果实 C_p 和 D 则呈现下降趋势，这与胥芳等（1997）对桃子、周永洪等（2008）对火柿以及王瑞庆等（2009）对红巴梨的研究结果类似。

在低频（频率小于 39.8kHz）时，病果的 G、C_p 和 D 均大于同频率下的正常果，这与加藤宏朗（胥芳等，2002；Kato，1987）在苹果上的研究结论一致。果实的电学参数出现以上结果的原因，一方面是在低频下，细胞膜容抗较大，交流电只能通过细胞壁。随着频率的增加，细胞膜的容抗降低，交流电就能够通过整个原生质体（Wu et al.，2008；Bauchot et al.，2000）；另一方面，对于采收后的苹果而言，它仍然进行着体内物质消耗的呼吸代谢。当其果实感染病菌后，随着病害的发展，其细胞、细胞壁（膜）、细胞液的几何形状、化学成分、浓度、生理特性及局部介电性质等均会发生变化，从而使植物组织的电物性特性发生相应的变化，而且果实的呼吸代谢消耗也会伴随着一些与之相关的化学、物理、生化过程变化。刚刚采收后的病果和正常果，其细胞壁、细胞膜较厚，离子通透性差，因此，Z、X 和 C_p 很大，G 较小。当细胞活性降低时，一方面造成细胞壁、细胞膜溶解、变薄，使其离子通透性增加，G 增加，Z、X 和 C_p 降低；另一方面，由于细胞水分减少，造成细胞液中导电离子移动阻力增大，使其 Z 和 X 升高。这两种过程共同影响着植物体的导电能力，当前者影响大于后者时，Z 和 X 下降，反之则 Z 和 X 上升。上述原因使得果实的 G、C_p 和 D 曲折变化。

水果的内部品质表示水果内部的生理、化学和物理性质。水果作为生物体由生物组织组成，从微观结构角度看，其内部存在大量带电粒子形成生物电场；水果在生长、成熟、受损以及腐烂变质过程中的生物化学反应将伴随物质能量的转化，导致生物组织内各类化学物质所带电荷量及电荷空间分布的变化，生物电场的分布和强度从宏观上影响水果的介电特性（Damez et al.，2007；胥芳等，2001）。从书中对病果和正常果的分析可以看出，它们两者在 C_p 间的差异达到了极显著水平。究其原因，是相对于正常果实，病果果实随着病害的继续蔓延，果实内亚细胞结构改变和解体发生的细胞内自溶作用导致整个代谢系统解体乃至最后原生质膜的破坏要比健康果实快很多，各电学参数的主要影响因子就是电阻比较大的薄细胞膜，因而在电学参数方面，病果和正常果表现出明显的差异。

从理论上看，水果果实属于电介质，水果的生理变化伴随着电介质特征参数的变化，而这一变化可以通过宏观电特性参数加以显示，如复阻抗（Z）、电抗（X）、电导（G）、电容（C_p）和损耗系数（D）等。试验表明，在同一贮藏期下，随着频率的增加，果实的 Z 和 X 在减小，G 则在增加；果实的 Z 和 X 间存在着强烈的相关性；感病果实和正常果实各电参数变化趋势一致，但数值有很大不同，而且在参数值（C_p）间存在明显差异。本书结果显示可以用 C_p 来区分感病果实。当然若要将电学指标作为鉴定果实品质的工具，还需筛选出更为灵敏的电学指标并建立果实生理指标与电学指标相关性的数学模型，这有待进一步研究。

第3章 苹果电学特性和生理生化变化对机械损伤响应的机理

3.1 “富士”苹果碰伤48h内电学特性变化研究

“富士”苹果是20世纪80年代初从日本引进我国的优良苹果品种，具有果肉硬脆、可溶性固形物含量高、品质好、耐贮藏等优点，目前已成为我国苹果栽培的主要品种。近年来我国“富士”苹果产量逐年递增，质量不断提高，但苹果从采后包装、运输、贮藏到消费者手中的整个过程中都不可避免地受到如挤压、振动、碰撞、跌落等不同程度的机械损伤，对于严重损伤的果实可以通过肉眼观察直接剔除，但是大部分伤害属于内伤，很难从外观上辨出，而如果将其与未受伤的水果一起贮藏或出售，必将造成伤害或病菌蔓延及腐烂加剧，进而影响果农收入。因此，运用无损检测技术，在贮藏和销售前根据伤害程度对水果进行分选是非常重要的。

目前果蔬品种的分选识别基本上是基于计算机视觉的图像处理法，该方法费用较高。与计算机视觉方法相比，电特性检测法具有设备简单、投资费用低、数据处理容易等特点。国外从20世纪60年代开始，国内从20世纪90年代开始对果品电学特性进行了研究。例如，Nelson等（1994a）测定了23种新鲜果蔬的含水率、组织密度和可溶性固形物含量以及在200MHz～20GHz下41个频率点的介电常数，指出导致果蔬组织介电特性差异的原因在于低频下离子的传导性和束缚水的松弛以及高频下自由水的松弛。Ikediala等（2000）研究指出，在55℃以及33～3000MHz下，苹果的介电常数随频率的增加而较小，而随温度的增加略微减小。苹果的最小介电损耗因数为915MHz，介电常数和损耗因数不受苹果品种、果肉和苹果成熟度的影响。Martín-Esparza等（2006）

以进行真空浸渍和未进行真空浸渍的“Granny Smith”苹果为试材，研究水分含量、水的活力及孔隙度对其电学特性的影响。结果表明，当水的活力值接近 0.9 时，在 2.45GHz 下苹果的介电参数（ε'和ε''）显著增大。胥芳等（1997）的研究表明，在 12～100kHz 的频段内，桃子的最佳测试频段为 15kHz 以下，此时桃子随着贮藏时间的增加，等效阻抗增大，而相对介电常数和介质损耗因数减小；当桃子开始腐烂时，电特性数值出现了一个大的反复。郭文川等（2005a）在以 BP 神经网络与电参数结合建立的 2-20-3 的网络结构下，苹果新鲜等级平均识别率达到 79%。李英等（2007）研究了不同测试频率下桃子的电特性（如相对介电常数、等效电阻）与酸度、含糖量和含水率之间的关系。结果表明，在频率为 100Hz 时，桃子的电特性与其含糖量和酸度之间的关系显著。该研究为利用电特性进行桃子的酸度和含糖量无损检测提供了理论参考和依据。此外，张立彬等（2000）和郭文川等（2006c）虽然对损伤苹果的电特性进行了研究，但前者在 100～100kHz 研究中并未交代损伤来源及损伤程度，后者仅仅是在固定的频率 10kHz 下研究了撞击损伤和静压损伤对苹果电特性的影响，而且在研究中也仅仅涉及了两个电参数（相对介电常数和电阻率），并未对损伤果电特性进行系统研究。国外目前尚极少见到机械损伤对苹果电学特性影响的研究报道。可见，目前对机械损伤对果品电参数值的影响以及伤害扩散过程中电参数值的变化规律尚缺乏足够了解。本书选用“富士”苹果果实为试材，研究不同高度跌落处理后 48h 内“富士”苹果在 100Hz～3.98MHz 下各电学参数的变化，探讨利用正常果和跌落果电特性参数的变化差异来反映苹果内部的品质变化，从而区分跌落果实与正常果，为实现苹果机械损伤的无损检测和新型分选机的研制提供技术基础。

3.1.1　材料与处理

1. 试验材料

供试苹果品种为“富士”，采自陕西省白水县试验农场（采后挑分、装箱和室内贮藏条件同 2.1.1 小节）。采收当天各重复随机取果 5 个（果实横径必须一致）进行标记，然后进行损伤处理。碰撞损伤处理方法：将苹果置于离地面 40cm 和 70cm 高处，采用自由落体跌至大理石地面上，每个果实产生 1 处机械伤，跌落时要保持苹果果柄与地面平行，并及时抓住苹果以避免二次损伤，以不经跌落的果实为对照。然后分别在 0h（伤害前的测定时间）、0.1h（仅对损伤果进行测定）、0.5h、1h、2h、4h、8h、12h、24h 和 48h 测定标记果各电学参数指标，各处理重复 3 次。

2. 电参数测定方法

电参数测定方法见 2.1.4 小节。

3. 数据处理

测定数据用 SAS（V8.0）统计软件进行分析。

3.1.2 结果与分析

1. 测定时间的选择

应用日本美能达 CR-400/410 色差仪对损伤果和正常果的 L^*（表示明度）、a^*（表示由红到绿的色度）、b^*（表示由黄到蓝的色度）3 个指标进行测量，测量时的室温为 20℃，仪器使用白色瓷砖进行校准。取 5 次测量值的平均值，计算出 E^*ab 值，结果如表 3-1。

表 3-1 损伤果与对照果明度（L^*）及色差（E^*ab）

时间/h	CK		S1		S2	
	L^*	E^*ab	L^*	E^*ab	L^*	E^*ab
0	61.85^a	68.03^a	55.77^a	63.82^a	45.59^b	53.94^b
0.5	60.04^a	66.29^a	58.64^a	63.73^a	54.74^a	60.47^a
1	61.17^a	67.29^a	57.98^a	63.1^a	54.54^a	60.1^a
2	61.3^a	67.75^a	57.63^a	63.05^{ab}	54.14^a	60.1^b
4	60.66^a	67.24^a	57.75^a	63.05^a	54.48^a	60.37^a
8	61.52^a	67.89^a	57.43^a	62.68^{ab}	53.57^a	59.28^b

续表

时间/h	CK		S1		S2	
	L^*	E^*ab	L^*	E^*ab	L^*	E^*ab
12	61.72[a]	67.9[a]	56.96[a]	62.28[ab]	53.82[a]	59.36[b]
24	60.47[a]	67.08[a]	56.37[a]	61.69[ab]	53.6[a]	58.95[b]
48	61.58[a]	68.02[a]	57.35[a]	62.39[ab]	52.4[b]	57.12[b]

注：表中“S1”代表 40cm 处跌落的果实；“S2”代表 70cm 处跌落的果实；“CK”代表正常果。$E^*ab=[(\Delta L^*)^2+(\Delta a^*)^2+(\Delta b^*)^2]^{1/2}$，其中 ΔL^*、Δa^*、Δb^*分别为 L^*、a^*、b^*五次测量值的平均值。测定值上标的小写字母代表 P=0.05 水平下差异显著性，相同字母表示差异不显著，不同字母表示差异显著。

从表 3-1 可以看出：

（1）对伤害后 0h、0.5h、1h、2h、4h、8h、12h、24h 和 48h 的损伤果和正常果 L^*及 E^*ab 进行方差分析结果显示，正常果与两种伤害处理果 L^*之间在 24h（含 2h）以前差异均未达显著水平（$P>0.05$）；在伤害 48h，正常果与 70cm 跌落处理之间 L^*差异达显著水平（$P<0.05$），且两种伤害处理之间 L^*差异显著（$P<0.05$）。

（2）对 E^*ab 进行方差分析结果显示，正常果与两种伤害处理之间 E^*ab 在 8h（含 8h）以后差异达显著水平（$P<0.05$），而两种伤害处理之间 E^*ab 差异不显著（$P>0.05$）。

对伤害处理的跟踪照相也显示，在跌落 24h 后（含 24h），正常果与损伤果的区别肉眼可见。无损检测的目的，就是应用机器来区分人类肉眼无法辨识的机械损伤果，进而根据其电学参数的差异将其进行筛选，结合上述分析，选定 48h 这一时间段进行试验分析。

2. 损伤期间果实电学参数的变化

（1）损伤期间果实复阻抗（Z）的变化。Z 是指由电阻、电容和电感组成的生物体等效复合电路中电阻与电抗的总和。从图 3-1 分析可知，损伤果和正常果在 48h 内果实 Z 的变化趋势是一致的，在伤害的不同时间果实的 Z 值都是随着频率的增大逐渐减小，其中在 100Hz～250kHz 果实 Z 下降得比较快，但在 251kHz～3.98MHz，果实 Z 下降得比较平缓，这与第 2 章在红点病和虎皮病上的研究结果一致。

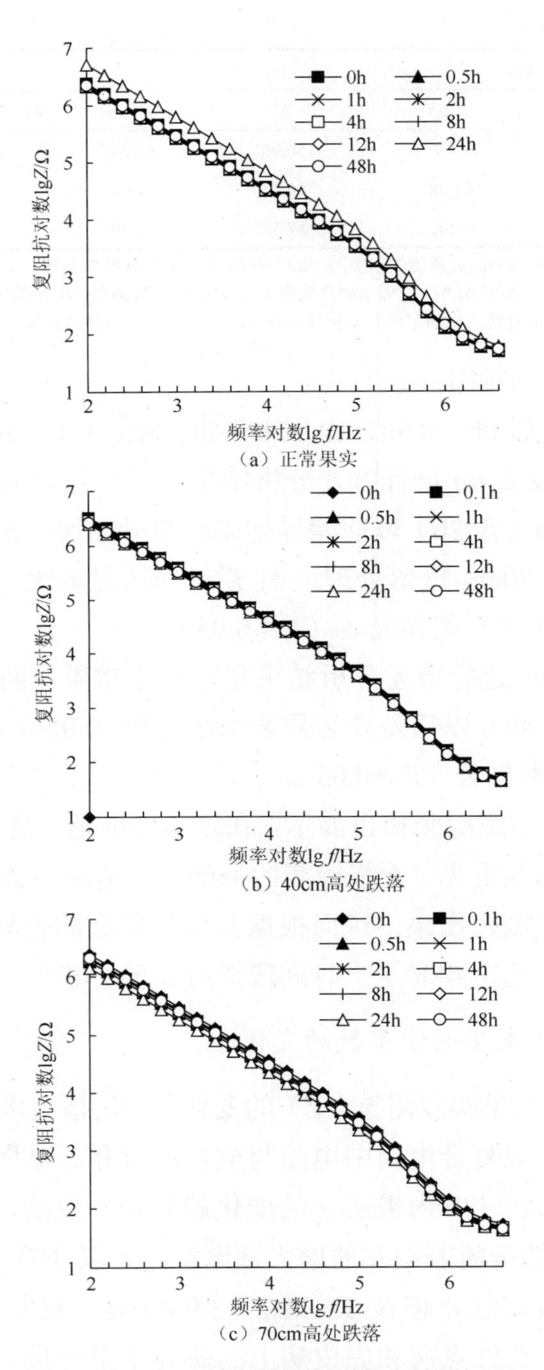

（a）正常果实

（b）40cm高处跌落

（c）70cm高处跌落

图 3-1　不同损伤时间苹果果实复阻抗的变化曲线

从图 3-1 还可知，在同一个频率下，随着伤害时间的延长和伤害程度的不同，Z 的变化比较复杂，但变化趋势一样。40cm 高处跌落的果实在同一频率下，随着伤害时间的延长 Z 逐渐下降，0.5h 后开始上升，伤害 1h 后开始下降，在伤害 4h 后 Z 小幅上扬后又开始下降，到 24h 后再次攀升；70cm 高处跌落的果实，随着伤害时间的延长 Z 逐渐升高，1h 后开始下降，伤害 8h 后开始升高，在伤害 12h 后 Z 再次下降，到 24h 后再次攀升；正常果 Z 在 0h—0.5h—2h—8h—24h—48h 时间段则呈现下降—上升—下降—上升—下降的变化趋势。试验还发现，在伤害 12h 以前，正常果的 Z 值介于两种伤害处理之间，而 70cm 处跌落的果实 Z 值最小。对伤害后 0.1h、0.5h、1h、2h、4h、8h、12h、24h 和 48h 的损伤果和正常果 Z 进行方差分析结果显示，两种伤害处理与正常果之间 Z 差异均达显著水平（$P<0.05$），而两种伤害处理之间 Z 仅在 4h（含 4h）以前差异显著（$P<0.05$）。

（2）损伤期间果实阻抗相角（θ）的变化。θ用电阻和电抗的比值来表示，单位是（°）。它等于电抗除以电阻的反正切。从图 3-2 看，40cm 高处跌落的果实和正常果在 48h 内果实θ的变化趋势是一致的，其θ的变化在前期都有小幅上扬，然后开始下降到后期又有所上升，而 70cm 高处跌落的果实其θ的变化则呈现先降后升的趋势。

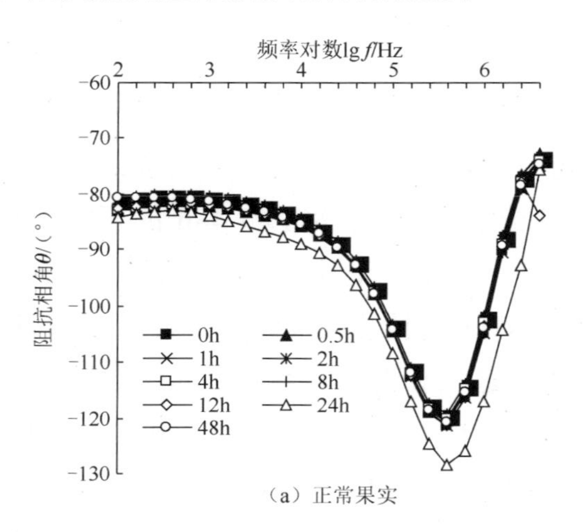

（a）正常果实

图 3-2　不同损伤时间苹果果实阻抗相角的变化曲线

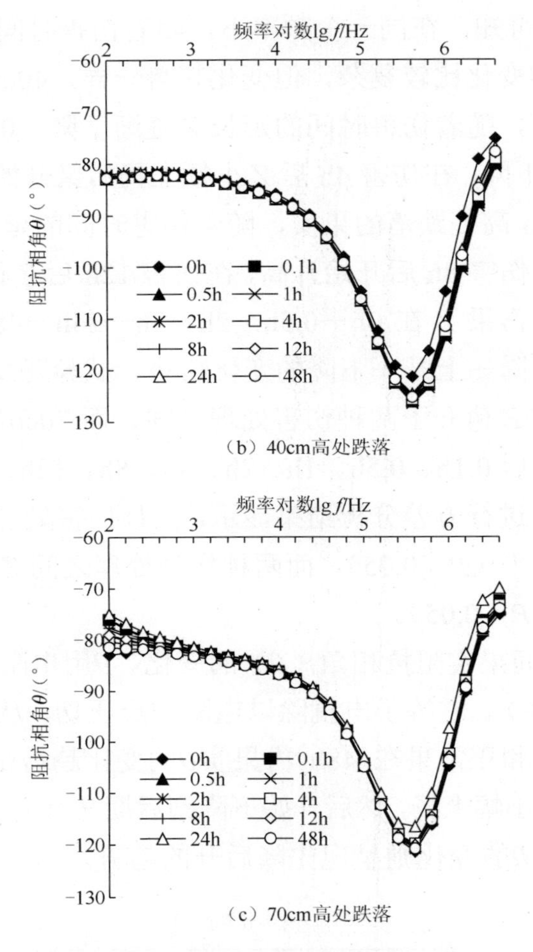

（b）40cm高处跌落

（c）70cm高处跌落

图 3-2 不同损伤时间苹果果实阻抗相角的变化曲线（续）

从图 3-2 还可分析得出，24h 以前的正常果和两种伤害果在 100～631Hz 其θ呈现上升的趋势，而 24h 和 48h 的正常果和 40cm 高处跌落的果实其θ则在 100～398Hz 呈现上升趋势；不论正常果还是伤害处理的果实其θ都在 398kHz 时降至最低点，此后一直上升。在同一个频率下，随着伤害时间的延长和伤害程度的不同，θ的变化也比较复杂，无一定规律。对伤害后 0.1h、0.5h、1h、2h、4h、8h、12h、24h 和 48h 的损伤果和正常果θ进行方差分析结果显示，40cm 高处跌落的果实与正常果θ之间差异在 8h（含 8h）以前达显著水平（$P<0.05$），70cm 高处跌

落的果实与正常果之间θ仅在伤害后 0h 差异显著（$P<0.05$），而两种伤害处理之间θ差异仅在 4h（含 4h）以前达显著水平（$P<0.05$）。

（3）损伤期间果实并联等效电容（C_p）的变化。C_p 反映的是在给定电位差下的电荷储藏量。一般来说，电荷在电场中会受力而移动，当导体之间有了介质，则阻碍了电荷移动并使电荷累积在导体上，从而造成电荷的累积储存。由图 3-3 可知，在不同的伤害时间，随着频率的增加，损伤果和正常果 C_p 的变化均呈现降—升—降趋势，这与在虎皮病上的研究结果一致。不论是正常果还是损伤果，在 0.1～63.1kHz 和 1.58～3.98MHz 其 C_p 均呈下降趋势，在 63.1～1580kHz 其 C_p 均呈上升趋势。

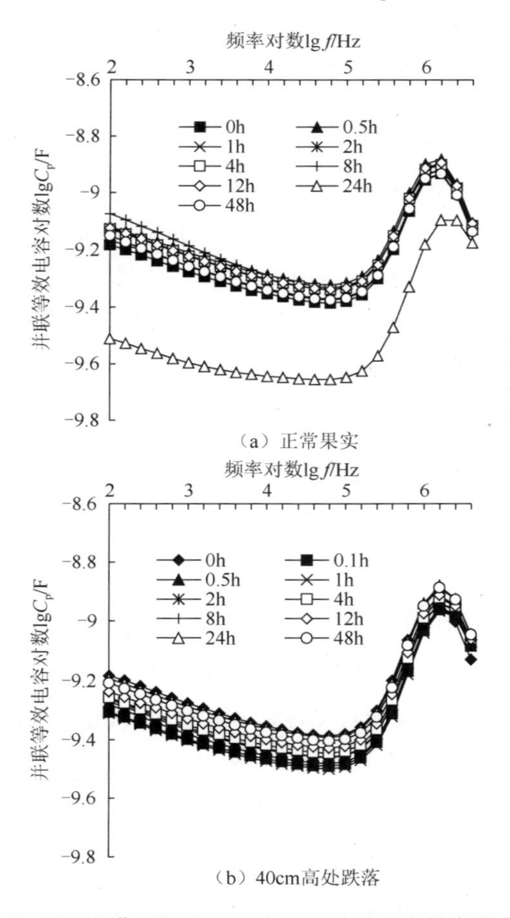

图 3-3　不同损伤时间苹果果实并联等效电容的变化曲线

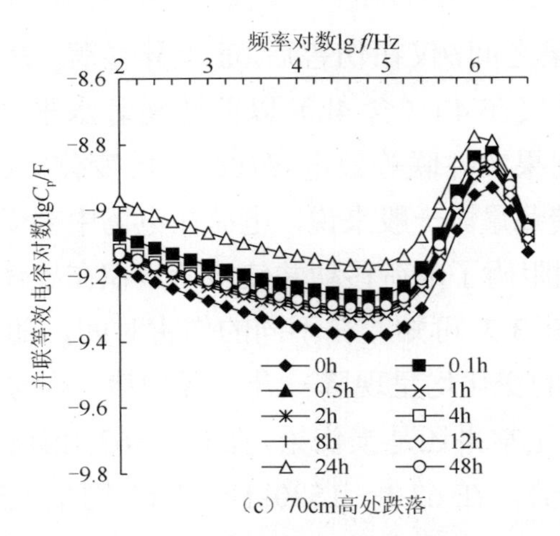

（c）70cm高处跌落

图 3-3　不同损伤时间苹果果实并联等效电容的变化曲线（续）

从图 3-3 还可知，在同一个频率下，随着伤害时间的延长和伤害程度的不同，C_p 的变化比较复杂，但变化趋势一样。40cm 高处跌落的果实在同一频率下，随着伤害时间的延长 C_p 逐渐上升，0.5h 后开始下降，伤害 1h 后开始上升，在伤害 4h 后 C_p 小幅下降后又开始上升，到 24h 后再次下降；70cm 高处跌落的果实，随着伤害时间的延长 C_p 逐渐下降，1h 后开始上升，伤害 4h 后又开始下降，在伤害 12h 后 C_p 值小于正常果和 70cm 高处跌落的果实。对伤害后 0.1h、0.5h、1h、2h、4h、8h、12h、24h 和 48h 的损伤果和正常果 C_p 进行方差分析结果显示，两种伤害处理与正常果之间 C_p 差异均达极显著水平（$P<0.01$），而两种伤害处理之间 C_p 仅在 4h（含 4h）以前差异显著（$P<0.05$）。

（4）损伤期间果实损耗系数（D）的变化。D 是生物材料在电场作用下，由于介质电导和介质极化的滞后效应，在其内部引起的能量损耗。从图 3-4 分析可知，在不同的损伤期，随着频率的增加，损伤果和正常果 D 的变化均呈“W”形变化趋势。其中，40cm 高处跌落的果实和正常果在 48h 内果实 D 的变化趋势是一致的，都呈现升—降—升—降—升，而 70cm 高处跌落的果实其 D 的变化则呈现降—升—降—升的趋势。

从图 3-4 还可知，对于 70cm 高处跌落的果实，其各个损伤期 D 的变化完全一致，均先后在 25.1kHz 和 1580kHz 处降至最低，但其第一个低值明显要小于第二个低值。以伤害 12h 的果实为例，其第一个低值要

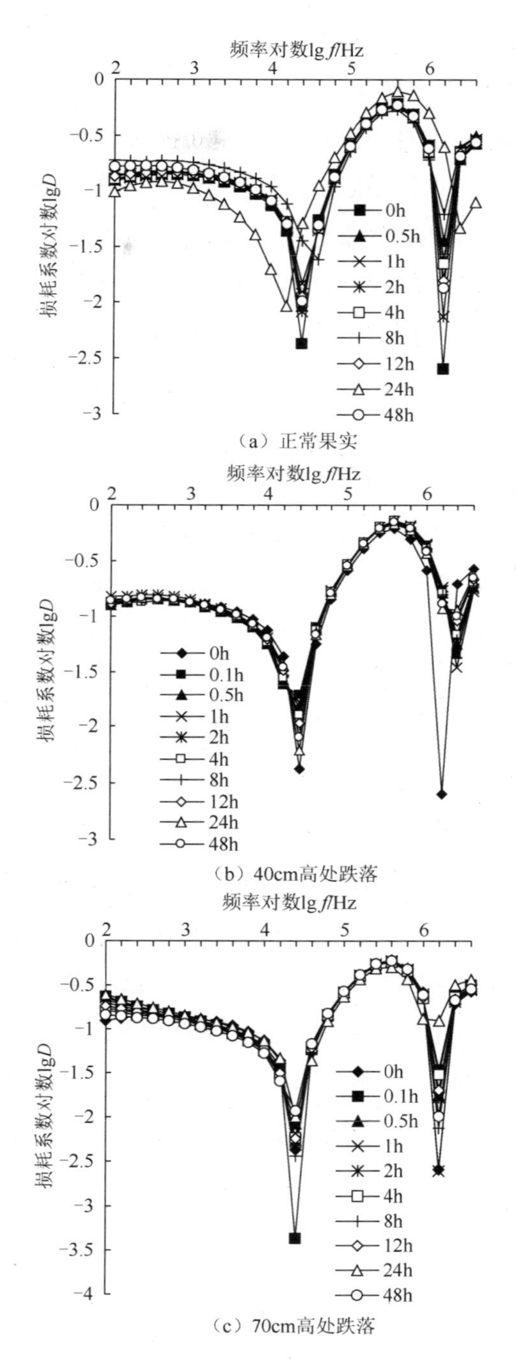

（a）正常果实

（b）40cm高处跌落

（c）70cm高处跌落

图 3-4　不同损伤时间苹果果实损耗系数的变化曲线

比第二个低值小 2.18，而 40cm 高处跌落的果实和正常果其各个损伤期 D 的变化相对要复杂一些。例如，70cm 高处跌落的果实伤害后 0.5h 的果实其 D 第一个小高峰出现在 398Hz，伤害后 1h 的果实其 D 第一个小高峰则出现在 251Hz；但对于 40cm 高处跌落的果实其各个损伤期 D 均先后在 25.1kHz 和 25100kHz 处降至最低；而正常果果实其各个损伤期 D 出现的拐点则均不相同。在同一个频率下，随着伤害时间的延长和伤害程度的不同，D 的变化也比较复杂，无一定规律。对伤害后 0.1h、0.5h、1h、2h、4h、8h、12h、24h 和 48h 的损伤果和正常果 D 进行方差分析结果显示，40cm 高处跌落的果实与正常果 D 之间差异未达显著水平（$P>0.05$），70cm 高处跌落的果实与正常果之间 D 以及两种伤害处理之间 D 仅在伤害后 0.1h 和 0.5h 差异显著（$P<0.05$）。

（5）损伤期间果实并联等效阻抗（R_p）的变化。R_p 是相对于一定频率的交变信号来说的。在交变电场中，除了电阻会阻碍电流以外，电容及电感也会阻碍电流的流动，因而，它是电阻、电容抗及电感抗在向量上的和。由图 3-5 分析可知，损伤果和正常果 R_p 的变化趋势大体一致，都先后出现两个峰值。对于 40cm 高处跌落的果实，其第一个峰值在 0.1h 和 1h 均出现在 15.8kHz，在 0.5h 和其他伤害时间则都出现在 25.1kHz；70cm 高处跌落的果实，其第一个峰值都出现在 25.1kHz；对于正常果，其第一个峰值在 0～8h、12h 和 48h 均出现在 25.1kHz，在 8h 和 24h 则分别出现在 39.8kHz 和 15.8kHz。对于 40cm 高处跌落的果实，其第二个峰值在 0.1～8h 和 12～48h 分别出现在 2.51MHz 和 1.58MHz；70cm 高处跌落的果实，其第二个峰值除 24h 出现在 1MHz 外，其他伤害时期均出现在 1.58MHz；对于正常果，其第二个峰值除 24h 出现在 2.51MHz 外，其他伤害时期均出现在 1.58MHz。在同一个频率下，随着伤害时间的延长和伤害程度的不同，R_p 的变化也比较复杂，无一定规律。对伤害后 0.1h、0.5h、1h、2h、4h、8h、12h、24h 和 48h 的损伤果和正常果 R_p 进行方差分析结果显示，两种伤害处理与正常果之间 R_p 以及两种伤害处理之间 R_p 差异在 8h（含 8h）以前达显著水平（$P<0.05$）。

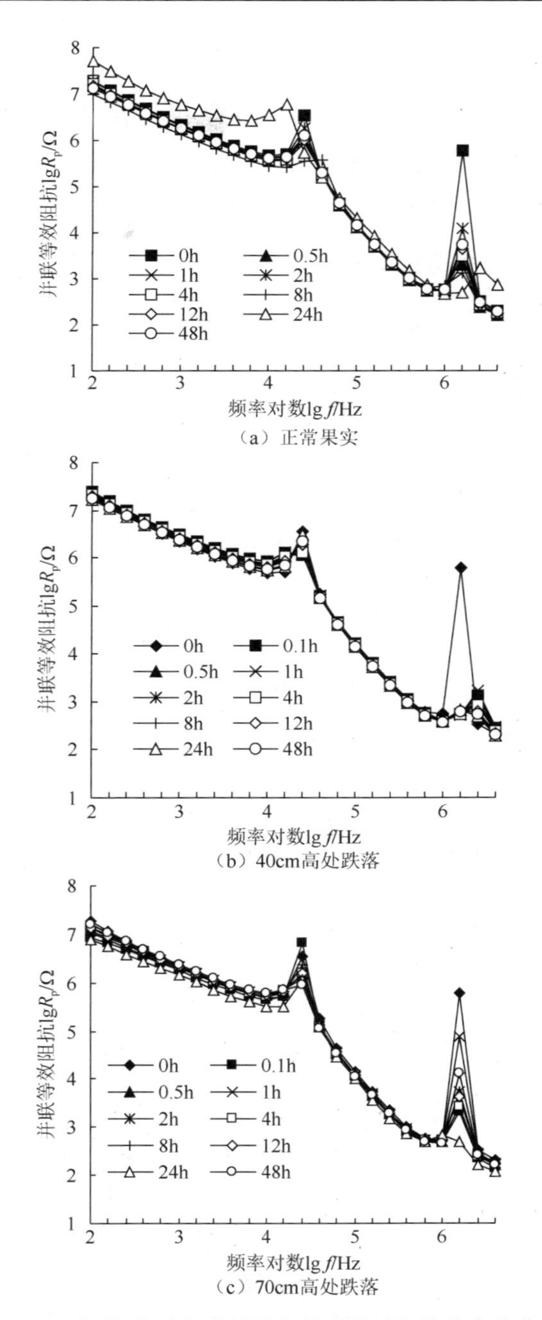

（a）正常果实

（b）40cm高处跌落

（c）70cm高处跌落

图 3-5　不同损伤时间苹果果实并联等效阻抗的变化曲线

（6）损伤期间果实电导（G）的变化。G 是反映电介质传输电流能力强弱的参数，与生物体的电导率和几何形状及尺寸有关。从图 3-6 分析可知，损伤果和正常果的 G 在损伤期间都呈螺旋上升趋势，这与第 2 章在虎皮病上的研究结果一致。损伤果和正常果，其第一个拐点都为 10kHz。对于第二个拐点，40cm 高处跌落的果实和正常果都为 1MHz，而 70cm 高处跌落的果实在伤害 0.1h、4h 和 24h 时其第二个拐点为 631Hz，其他伤害时期则为 1MHz。在同一个频率下，随着伤害时间的延长和伤害程度的不同，G 的变化也比较复杂，无一定规律。对伤害后 0.1h、0.5h、1h、2h、4h、8h、12h、24h 和 48h 的损伤果和正常果 G 进行方差分析结果显示，40cm 高处跌落的果实与正常果之间 G 仅在伤害后 0.5h、1h 和 4h 差异达显著水平（$P<0.05$），70cm 高处跌落的果实与正常果之间 G 仅在伤害后 4h 差异达显著水平（$P<0.05$），而两种伤害处理之间 G 差异未达显著水平（$P>0.05$）。

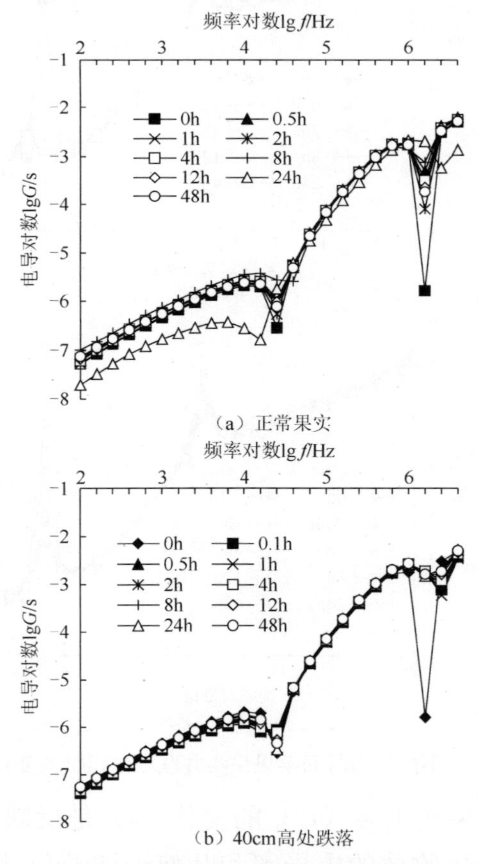

图 3-6　不同损伤时间苹果果实电导的变化曲线

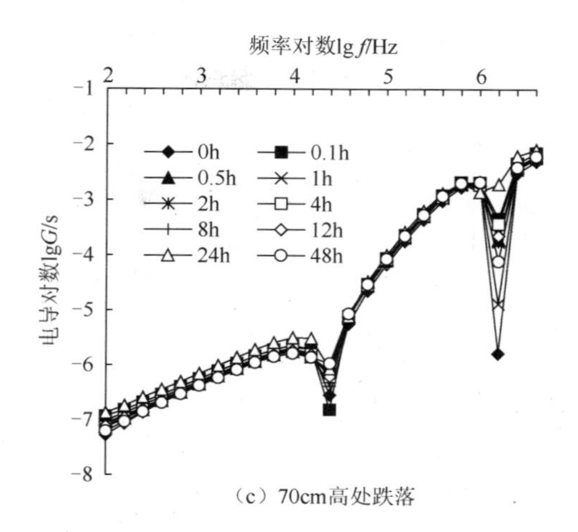

（c）70cm高处跌落

图 3-6　不同损伤时间苹果果实电导的变化曲线（续）

（7）损伤期间果实电纳（*B*）的变化。*B* 是交流电流经电容或电感的简称，按性质可分为容纳和感纳，在电力电子学中被定义为电抗的倒数。从图 3-7 分析可知，损伤果和正常果其 *B* 在不同的伤害时期均随着频率的增加而增加，其中，在 100Hz～1MHz 增幅较大，当频率达到 1MHz 以后增幅变慢。以 70cm 高处跌落的果实伤害 12h 为例，在 100Hz～1MHz 间其 *B* 增幅为 67.14%，在 1～3.98MHz 其 *B* 增幅仅为 20%。

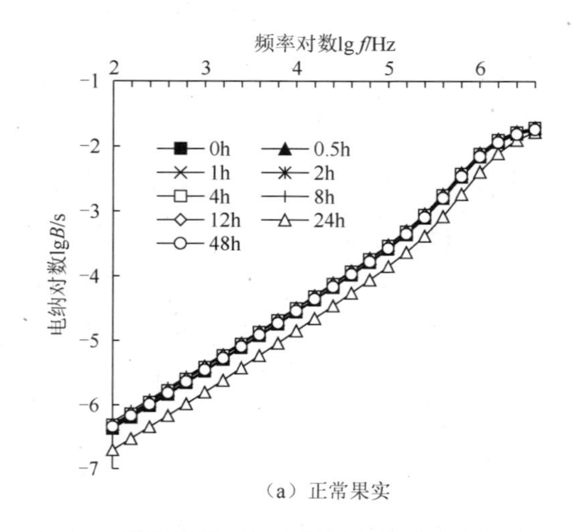

（a）正常果实

图 3-7　不同损伤时间苹果果实电纳的变化曲线

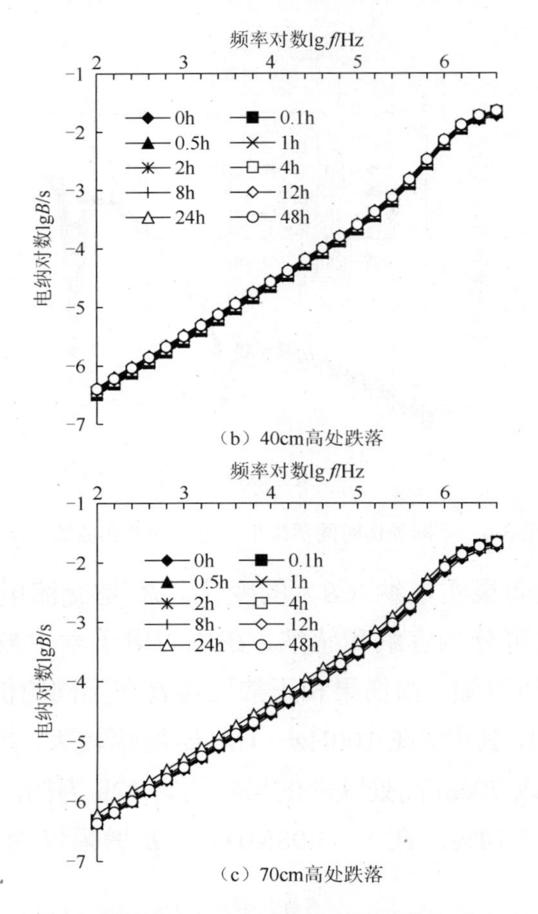

图 3-7　不同损伤时间苹果果实电纳的变化曲线（续）

从图 3-7 还可知，在同一个频率下，随着伤害时间的延长和伤害程度的不同，B 的变化比较复杂，但变化趋势也一样。40cm 高处跌落的果实在同一频率下，随着伤害时间的延长 B 逐渐上升，0.5h 后开始下降，伤害 1h 后又开始上升，在伤害 4h 后 B 小幅下降后又开始上升，到 24h 后再次下降；70cm 高处跌落的果实，随着伤害时间的延长 B 逐渐下降，1h 后开始上升，伤害 8h 后又开始下降，在伤害 12h 后 B 再次上升，到 24h 后再次下降；正常果 B 在 0h—0.5h—2h—8h—24h—48h 时间段则呈现上升—下降—上升—下降—上升的变化趋势。试验还发现，在伤害 12h 以前，40cm 处碰伤的果实其 B 值小于正常果和 70cm 处碰伤的果实。对伤害后 0.1h、0.5h、1h、2h、4h、8h、12h、24h 和 48h 的损

伤果和正常果 B 进行方差分析结果显示，40cm 处碰伤的果实与正常果 B 仅在伤害后 0.5h、1h、4h 和 12h 差异达显著水平（$P<0.05$），70cm 处碰伤的果实与正常果之间 B 在伤害后 1h 以前和伤害后 4h 以及 12h 差异达显著水平（$P<0.05$），而两种伤害处理之间 B 差异仅在伤害后 0h 达显著水平（$P<0.05$）。

3. 损伤果与正常果电学参数区分的特征频率的筛选

图 3-8～图 3-14 是以 40cm 高处跌落的果实和正常果为研究对象，对 100Hz～3.98MHz 频率下伤害 0.5h 果实七个电学参数随频率的变化所作的曲线图。从图中分析可知，损伤果和正常果的 Z 在 $f<398$kHz 时数值上有差异，θ在 3980Hz～3.98MHz，C_p 在 100Hz～3.98MHz，D 在 2510Hz～3.98MHz，G 和 R_p 在 $f<15.8$kHz 或 $f>1$MHz，B 在 $f<1$MHz 时损伤果和正常果数值上有差异。综合考虑可以得出，当频率介于 3.98～15.8kHz 时，损伤果和正常果的上述七个电学参数均在数值上有差异。对正常果和损伤果上述七个电学参数在 3.98kHz、6.31kHz、10kHz 和 15.8kHz 四个频率下进行方差分析得出，正常果和损伤果 Z、C_p、G、R_p 和 B 在上述四个频率下差异显著（$P<0.05$），其中，Z、G 和 R_p 在 6.31kHz 时 P 值最小，而 C_p 和 G 则分别在 10kHz 和 15kHz 时正常果与损伤果的电学参数 C_p 差异达极显著水平（$P<0.01$），Z 达显著水平（$P<0.05$），而在其他电学参数上差异不显著（$P>0.05$），因而得出，10kHz 即为能将正常果与碰伤果加以区分的特征频率。

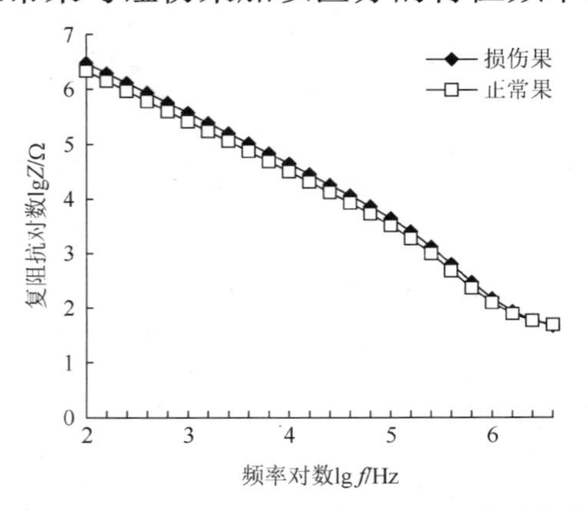

图 3-8　不同频率下苹果果实复阻抗的变化曲线

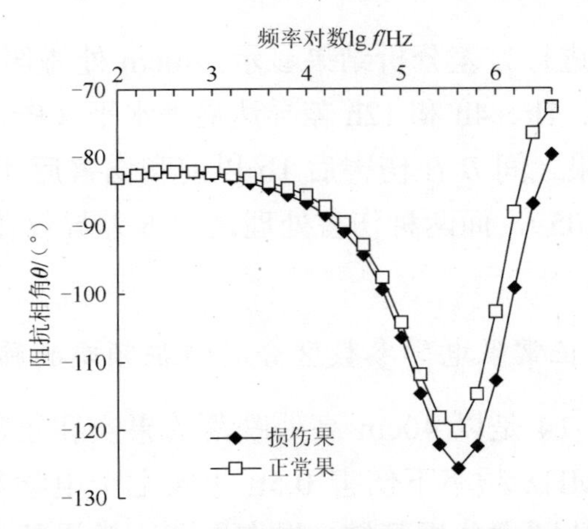

图 3-9 不同频率下苹果果实阻抗相角的变化曲线

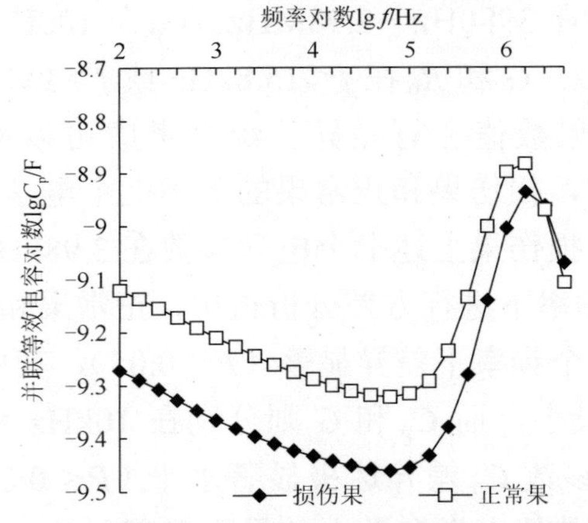

图 3-10 不同频率下苹果果实并联等效电容的变化曲线

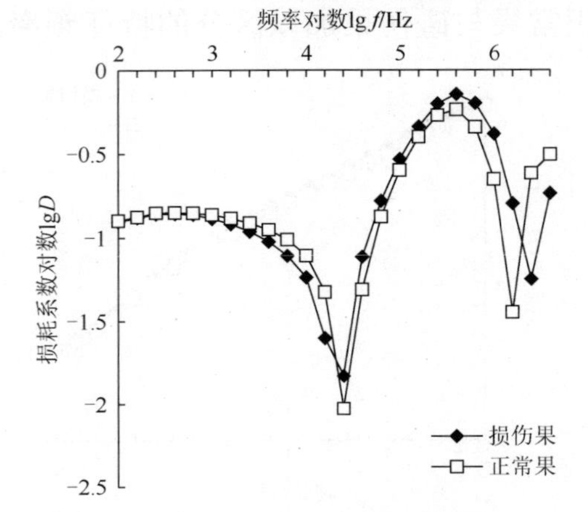

图 3-11 不同频率下苹果果实损耗系数的变化曲线

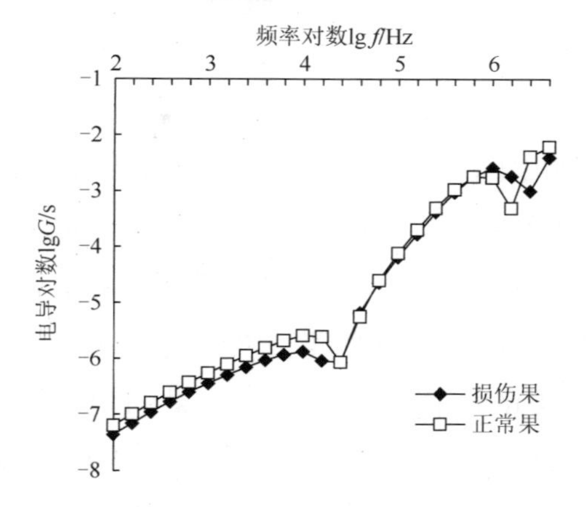

图 3-12　不同频率下苹果果实并联等效阻抗的变化曲线

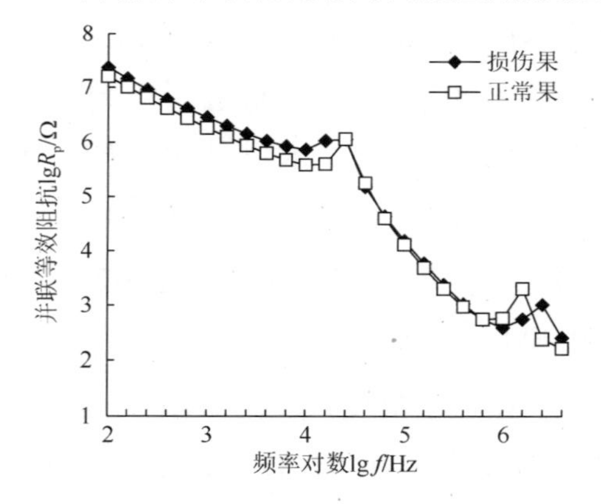

图 3-13　不同频率下苹果果实电导的变化曲线

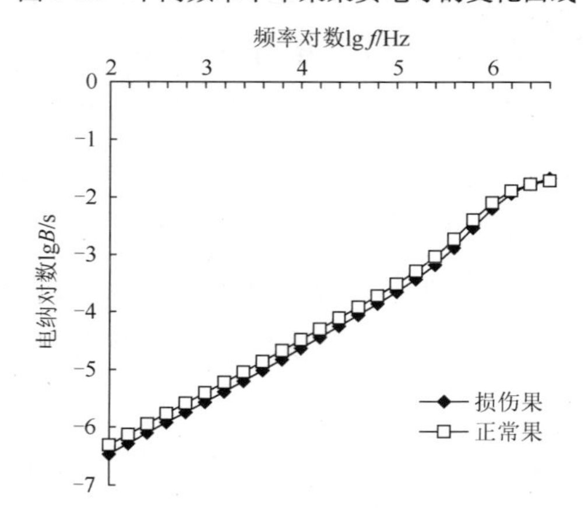

图 3-14　不同频率下苹果果实电纳的变化曲线

3.1.3　讨论

水果作为生物体由生物组织构成。从微观结构角度观察，其内部存在大量带电粒子并形成生物电场，水果在生长、成熟、受损及腐败变质过程中的生物化学反应将伴随物质和能量的转换，导致生物组织内各类化学物质所带电荷量及电荷的空间分布发生变化；生物电场的分布和强度从宏观上影响水果的电特性。因此，水果的内部品质可以通过对水果电特性的无损检测加以判别（Damez et al.，2007；胥芳等，2001）。对于水果等生物材料，其电学特性的影响因子包括频率、含水率、温度、成熟度、生物材料的有机组成等（Ahmed et al.，2007）。

Z 反映电阻、电感及电容对电流的阻碍作用，它的大小受电阻、电感抗、电容抗和电源频率的影响。本书结果表明，不论正常果还是损伤果，在伤害的不同时间内果实的 Z 都是随着频率的增大而逐渐减小，这与柯大观等（2002）对苹果、郭文川等（2002）对西红柿、叶齐政等（1999）对番茄和杧果以及 Wu 等（2008）对茄子研究所得结果类似。而果实的 B 与 Z 的变化正好相反，数据分析也显示，两者呈极显著的负相关，$R^2 < -0.999$。加藤宏朗在 10Hz～13MHz 的频率范围内，对损坏果和正常水果的介电特性进行了对比测试，结果显示损坏水果阻抗低于正常水果（胥芳等，2002），张立彬等（1996）在 5～100kHz 对苹果的研究也得出同样的结论。本书研究表明，在 100Hz～3.98MHz，正常果的 Z 值介于两种伤害处理之间，而 70cm 高处跌落的果实 Z 值最小，这与加藤宏朗和张立彬等的研究有差异，究其原因可能是 40cm 高处跌落的果实损伤程度较轻，而本书中 70cm 高处跌落的果实所得结论与他们的研究一致，从这里是否可以得出损伤越轻，果实的复阻抗越大的结论，需要进一步研究。

朱新华等（2004）在苹果、猕猴桃和梨上研究指出，随着电激励信号频率的增大，果品的电容均减小。而本书研究显示，不论是正常果还是损伤果，在 63.1～1580kHz 其 C_p 均呈上升趋势，而当 $f < 63.1$kHz 或

$f>1580\text{kHz}$ 时其 C_p 均呈下降趋势。研究还发现，在伤害 12h 以前，40cm 高处跌落的果实其 C_p 值小于正常果和 70cm 处碰伤的果实，而加藤宏朗在 10Hz～13MHz 的频率范围内，对损坏果和正常水果的介电特性进行的对比测试结果显示，损坏水果电容值比正常的水果大。之所以产生这样的差异，作者认为还是损伤程度不同导致的，结合加藤宏朗与本书上面的分析，是否可以得出损伤程度越轻，果实的复阻抗值越大，相应的电容值越小呢？本书显示，损伤果和正常果的 G 在损伤期间都呈螺旋上升趋势，而 R_p 和 G 的变化正好相反，呈螺旋下降趋势，从数值上看，可以得出 $|G|=R_p$。

植物组织可近似看作两相组成系统：一相是由细胞壁、细胞膜构成的细胞间组织，它具有较明显的半导体性质和介电特性，具有较大的电阻。此相在活机体内非常稳定，但在细胞受到伤害及病菌感染后，其结构、成分、离子通透性等会发生复杂的变化，从而引起该相的电物理特性发生明显的变化；另一相是细胞内液和细胞外液，它们含有多种导电离子，具有离子导电性，电阻较小，其电物性与含水率有较明显的相关关系（栗震霄，2000）。在交变电场作用下，电流分两路通过植物组织：一路通过细胞外液传导；另一路通过细胞壁、细胞膜及细胞内液传导。未受伤的苹果其细胞壁、细胞膜较厚，离子通透性差，因此，Z、R_p 很大，C_p、G、B 较小。当外界机械压力使细胞受伤后，一方面造成细胞壁、细胞膜溶解、变薄，使其离子通透性增加，C_p、G、B 增加，Z、R_p 降低；另一方面，由于细胞水分减少，造成细胞液中导电离子移动阻力增大，使其电阻升高。这两种过程共同影响着植物体的导电能力，当前者影响大于后者时电阻下降，反之则电阻上升。例如，损伤造成不可逆的变化导致壁膜破裂及细胞死亡，在这之后，主要受水分影响，果肉细胞的导电性能表现为随含水率的变化，果肉细胞的 R_p、C_p 和 G 曲折变化。

朱新华等（2004）在苹果、猕猴桃和梨上得出损耗角正切随频率增加而呈减少趋势的研究结果，而本章研究显示，D 在不同的损伤期，随着频率的增加，并没有呈现出单一的变化趋势，而是呈“W”形变化趋势，这与他们的研究结果有差异，但在低频下本章的结论与他们一致。就θ而言，不论正常果还是伤害处理果都在 398kHz 之前呈下降趋势，之后开始上升。

果实 D 和θ的曲折变化可能是空间电荷极化的结果。由于果品等农业物料内部存在一定数量的钾、钠等自由带电离子，这些带电离子在外电场作用下会沿电场方向迁移，在迁移过程中，可能会遇到各种障碍（细胞膜、电极）而停留在某一空间内，从而形成空间电荷极化（郭文川等，2006b）。当苹果收到碰撞等外力损伤后，苹果的外表皮受损，与未受伤果相比，其果肉水分蒸发量必然加大，与果皮相比，果肉的含水率较大，载流子较多。另外，伤害产生后，临近细胞膜的一系列细胞组分的通透性增加，细胞间正常的通透性被破坏，导致细胞质和液泡混合，这两方面的原因可能导致 D 和θ的曲折变化。

对作为生物体的苹果来说，机械损伤是一种强烈的外界刺激，该刺激对苹果的影响能够从其宏观电参数上表现出来。从书中对损伤果和正常果的分析可以看出，它们两者在 Z 上有显著差异（$P<0.05$），在 C_p 上差异达极显著水平（$P<0.01$），在其他 3 个电参数（Z、X 和 L_p）上也在某个伤害时间段有差异。究其原因，是相对于健康果实，损伤果实随着伤害的继续扩散，果实内亚细胞结构改变和解体发生的细胞内自溶作用，导致整个代谢系统解体乃至最后原生质膜的破坏要比健康果实快很多；另外，镶嵌在细胞膜上的部分通道蛋白在受到电压、化学和机械力等外因的诱导下才会开放（朱新华等，2004），而伤害刺激也可以作为其开放的诱导因子之一，当其开放时细胞膜透性增加，导致电解质外渗，质外体的导电性增强，电阻急剧减小，而细胞膜内电解液的外渗，又使膜间的导电性变差，电容明显减小。电阻的减小使流过电阻的电流明显增大，从而使能量的损耗急剧加大。各电学参数的主要影响因子就是电阻比较大的薄细胞膜，因而在电学参数方面，损伤果和正常果表现出明显的差异。对于两种不同伤害程度的苹果果实，

它们仅在受伤后的 4h 之前，在 Z、θ、C_p 和 R_p 这四个电学参数上有显著差异（$P<0.05$）。这种差异说明不同的伤害强度，对果品的电学参数是有一定的影响，而它们两者的差异并不是很显著。这一方面可能是这两种伤害程度对苹果造成的损伤差异不是很大，另一方面或许是电参数对损伤的敏感程度较低的缘故。这需要进行进一步的深入研究去证实。

通过对损伤果和正常果的对比分析，本书还得出区分两种果实的特征频率为 10kHz，这与陈志远等（2008）在番茄、王玲等（2009）在“嘎拉”苹果，王瑞庆等（2009）在红巴梨上的研究结果不一致，这也从一个侧面验证了 Nelson 等（1994b）在 0.2～20GHz 的频率范围对一些水果进行研究所得的结论，即不同种类的果实因其具有不同的组织结构和化学成分，其电学特性也具有各自不同的变化趋势，即使是同一种类的不同样品在电学参数上也会表现出一定的差异。

从对“富士”苹果碰伤 48h 内电学特性变化研究中可得出：

（1）果实的复阻抗（Z）与电纳（B）呈极显著的负相关，果实的并联等效阻抗（R_p）与电导（G）的绝对值相等，即 $|G|=R_p$。

（2）在 100Hz～3.98MHz 频率下，40cm 高处跌落的果实和 70cm 高处跌落的果实与正常果，其 Z 和 C_p 在同一个伤害时间内随频率的增加差异明显，基本可以正确反映水果的伤害情况。

（3）损伤果和正常果区分的最佳电参数频率为 10kHz。

3.2　“富士”苹果碰伤 48h 内品质指标及主要抗氧化酶活性的响应

近年来果蔬净加工的兴起和深加工的快速发展，使得碰撞损伤成为果蔬在采收、采后处理以及贮藏运输过程中面临的主要逆境之一。碰撞损伤的产生必将诱发一系列的生理生化异常变化，从而使果蔬衰老加快，营养品质迅速下降，腐烂增加，导致贮期缩短，造成大量经济损失。碰撞损伤作为一种瞬间的应激反应，其外观表现在 24h 后即清晰可见。

因此，研究“富士”苹果碰撞损伤 48h 内品质指标和主要抗氧化酶活性变化影响具有重要意义。王艳颖等（2007a，2007b，2008a，2008b）研究了机械损伤对“富士”苹果酶促褐变和采后软化生理的影响；Pasinia 等（2004）研究了不同施肥条件对“富士”和“嘎拉”苹果机械损伤的影响；Van 等（2006）探讨了用离散元法去模拟苹果运输和加工过程中的碰撞损伤；David 等（1996）研究了苹果对损伤的敏感性；Menesatti 等（2002）探讨用非线性多元回归模型去评估苹果跌落损伤指数。目前，关于碰撞损伤 48h 内对“富士”苹果品质指标和主要抗氧化酶活性变化影响方面的报道较少，人们对果实机械伤害防御机制了解尚不足，对苹果遭受碰撞损伤后短时间内品质指标及果实抗氧化酶活性的动态变化也鲜见报道。本书以“富士”苹果为试材，研究不同高度跌落处理后 48h 内“富士”苹果品质指标和主要抗氧化酶活性的动态变化，以期为机械伤害防御机理研究提供理论依据，并启发人们创造适宜的条件，促进受伤部位愈伤组织的形成，从而为净加工果蔬的保鲜提供一定的理论依据。

3.2.1　材料与处理

1. 试验材料

样品采集及前处理同 3.1 节内容。碰伤处理后分别在 0h（伤害前的取样时间）、0.1h（伤害后立即取样时间）、0.5h、1h、2h、4h、8h、12h、24h 和 48h 取样测定相关指标，各处理重复 3 次，每次从受伤部位的临近两侧部位取样。样品取好后立即置于液氮中速冻，然后存放于−80℃超低温冰箱保存，留待后期集中测定。

2. 测定指标与方法

（1）呼吸强度。用 TEL-7001 型远红外 CO_2 分析仪测定 CO_2 产量，单位为 mg/(kg·h)。

（2）乙烯释放速率。用岛津 GC-14A 型气相色谱仪测定，氢火焰离子化检测器检测。乙烯分析条件：GDX-502 色谱柱，柱温 60℃，氢气

0.7kg/cm^2，空气 0.7kg/cm^2，氮气 1.0kg/cm^2，检测室温度 110℃，乙烯释放速率的单位为 μL/(kg·h)。

（3）果实硬度。用 GY-1 型果实硬度计测定。

（4）可溶性固形物含量。用 WYT-4 型手持测糖仪测定。

（5）可滴定酸含量。用酸碱滴定法测定。

（6）H_2O_2 含量测定。参照 Patterson 等（1984）和 Song 等（2009）的方法，以标准 H_2O_2 液作标准曲线，结果以 μmol H_2O_2/g FW 表示。

（7）超氧阴离子自由基（O_2^-·）含量测定。采用 Wang 和 Luo（1990）及 Song 等（2009）的方法，以 O_2^-· 作标准曲线，结果以 μg NO_2^-/g FW 表示。

（8）超氧化物歧化酶（SOD）和过氧化氢酶（CAT）活性的测定。取 0.5g 材料加入 5mL 提取缓冲液（50mmol/L 磷酸缓冲液，pH 7.8），冰浴研磨，匀浆以 10000r/min，4℃下离心 20min，上清液即为酶提取液。SOD 测定参照 Rao 等（1996）的方法，以抑制 NBT 光化学还原 50%为 1 个酶活力单位，结果以 U/(g protein·h)计；CAT 活性测定参照贾虎森和李德全（2001）的方法，以 1min 内 OD_{240} 减少 0.1 为 1 个酶活力单位。

（9）过氧化物酶（POD）活性测定。参照 Chen 和 Wang（1989）及 Song 等（2009）的方法，以 OD_{470} 变化 0.1 为 1 个酶活力单位，结果以 U/（g protein·min）计。最后采用公式 C=6.45（D_{532}−D_{600}）−0.56D_{450} 来计算 MDA 含量，结果以 mmol/g FW 表示。

（10）丙二醛（MDA）含量测定。参照 Zhang 等（2005）的方法。

（11）苯丙氨酸解氨酶（PAL）活性测定。参照 Lichanporn 等（2009）、Jiang 和 Joyce（2003）的方法，以 OD_{290} 值变化 0.01 为 1 个酶活力单位，结果以 U/(g protein·h)计。

3．数据处理

测定数据用 SAS（V8.0）统计软件进行分析。

3.2.2 结果与分析

1. 碰伤对“富士”苹果呼吸速率和乙烯释放速率的影响

呼吸作用是果蔬采收后进行的重要生理活动，也是影响贮运效果的重要因素。测定呼吸速率可衡量呼吸作用的强弱，更好地了解果蔬采后生理状态。如图 3-15 所示，与正常果相比，两种伤害处理的果实其呼吸速率在伤害后呼吸速率始终高于正常果，在伤害 4h 时，两者都有一个小的高峰出现，而正常果的呼吸速率一直变化比较平稳，只是在 12h 后开始缓慢上升，这表明碰伤明显增强了果实的呼吸作用。两种伤害处理与正常果及两种伤害处理之间在呼吸速率上差异达极显著水平（$P<0.01$）。

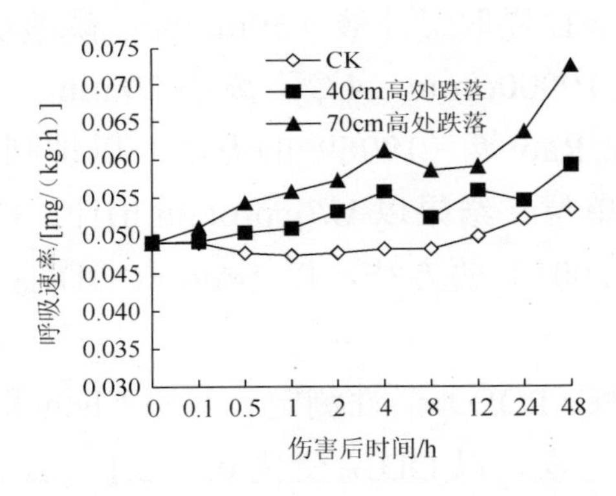

图 3-15 伤害处理对“富士”苹果呼吸速率的影响

乙烯是植物自然代谢的产物，在植物的生命周期中起着重要的调节作用，尤其对果实的成熟衰老起着重要的调控作用。与正常果相比，两种伤害处理显然促进了果实内源乙烯的生成，70cm 高处跌落的果实这种促进效果则更明显（图 3-16）。以 70cm 高处跌落的果实为例，其内源乙烯的释放速率在损伤前为 0.22μL/(kg·h)，伤害后 48h 则增加到 2.48μL/(kg·h)，而正常果在 48h 后其内源乙烯的释放速率仅为 0.59μL/(kg·h)，两者的差值达 1.89μL/(kg·h)。两种伤害处理与正常果及两种伤害处理之间在乙烯的释放速率上差异达极显著水平（$P<0.01$）。

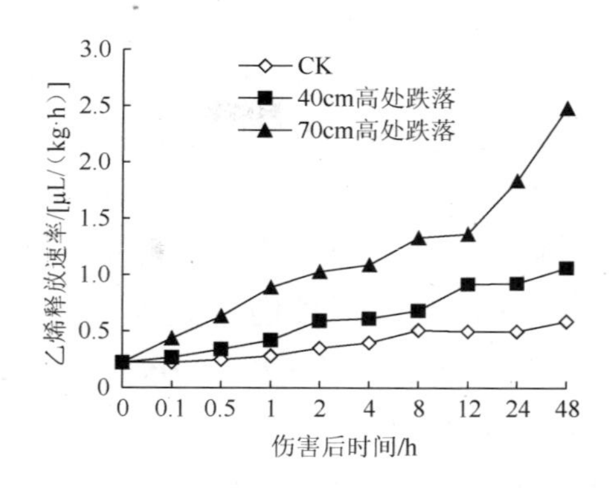

图 3-16　伤害处理对“富士”苹果乙烯释放速率的影响

2. 碰伤对“富士”苹果果实硬度的影响

果实采后贮藏期间硬度变化是衡量果肉质地变化、判断果实衰老进程及耐贮性的一个重要指标。图 3-17 表明，随伤害时间的延长，正常果和伤害处理的果实果肉硬度均呈逐渐下降趋势。其中 70cm 高处跌落的果实，伤害后 48h 硬度已从损伤前的 10.15kg/cm^2 降至 7.56kg/cm^2，降幅达 25.52%；但 40cm 高处跌落的果实和正常果果肉硬度的下降速度及变化幅度均明显低于 70cm 高处跌落的果实，在伤害后 48h 时其果肉硬度降幅分别为 17.64%和 11.72%。两种伤害处理与正常果及两种伤害处理之间在果实硬度上差异均达显著水平（$P<0.05$）。

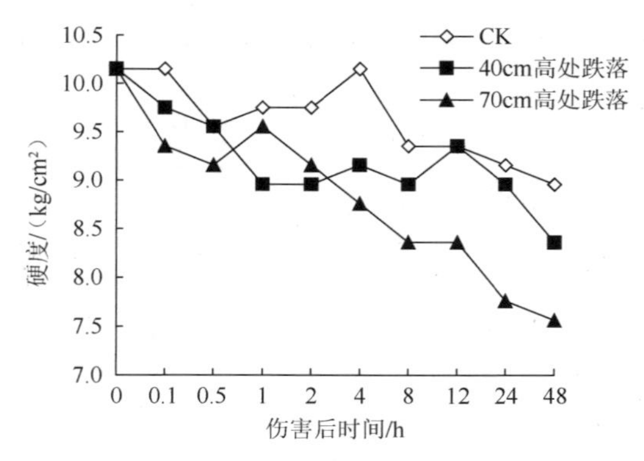

图 3-17　伤害处理对“富士”苹果果实硬度的影响

3. 碰伤对“富士”苹果果实可溶性固形物和可滴定酸含量的影响

果实在采收以后需要消耗以糖、酸为主的有机物，以获得必需的能量来维持其正常的生命活动。从图 3-18 和图 3-19 可以看出，伤害处理的果实其可溶性固形物含量（SSC）、可滴定酸（TA）含量在 48h 内始终呈下降—上升—下降—上升的反复过程，但总体上呈下降趋势。损伤 48h 后，40cm 高处跌落的果实、70cm 高处跌落的果实和正常果实其 SSC 分别 14.8%、14.5%和 15.3%，两种伤害处理与正常果及两种伤害处理之间在 SSC 上差异均未达显著水平（$P>0.05$）。采收时（也就是损伤前）“富士”苹果 TA 含量为 0.69mg/g，损伤 48h 后，40cm 高处跌落的果实、70cm 高处跌落的果实和正常果实其 TA 含量分别 0.47mg/g、0.51mg/g 和 0.58mg/g。两种伤害处理与正常果及两种伤害处理之间在 TA 含量上差异均未达显著水平（$P>0.05$）。

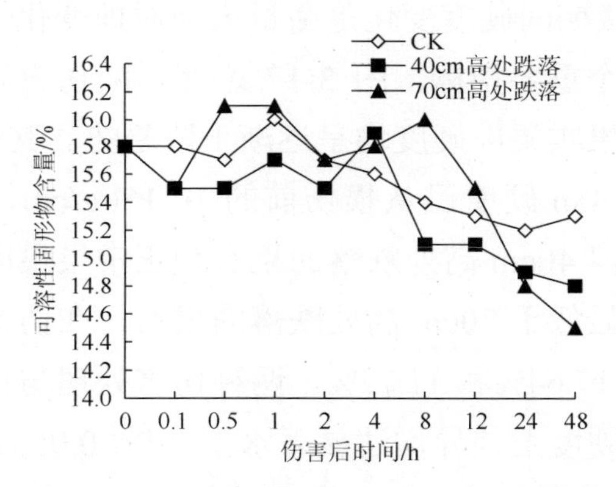

图 3-18　伤害处理对“富士”苹果 SSC 的影响

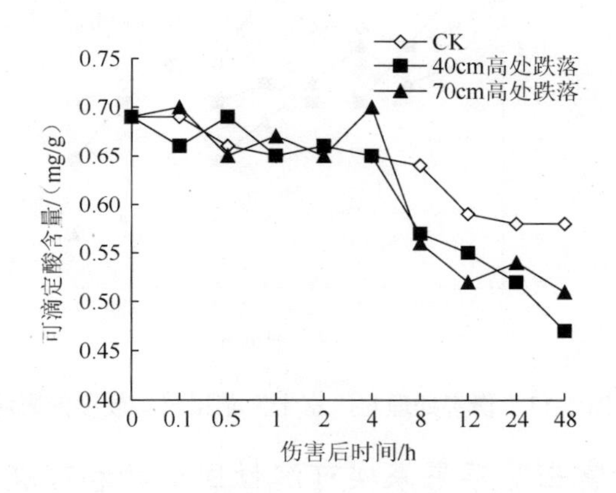

图 3-19　伤害处理对“富士”苹果 TA 含量的影响

4. 碰伤对“富士”苹果 $O_2^-\cdot$ 和 H_2O_2 含量的影响

伤害处理后“富士”苹果 $O_2^-\cdot$ 和 H_2O_2 含量变化如图 3-20 所示。在伤害后 0.5h 从 70cm 和 40cm 高处跌落的果实其 $O_2^-\cdot$ 含量即迅速升高并达到最大值，其值分别为 $11.33\times10^{-2}\mu g\ NO_2^-/g$ FW 和 $10.83\times10^{-2}\mu g\ NO_2^-/g$ FW，然后迅速下降，并始终在 $10.62\times10^{-2}\mu g\ NO_2^-/g$ FW 之间波动；相比于伤害处理，正常果的 $O_2^-\cdot$ 含量变化不大，始终在 $10.59\times10^{-2}\mu g\ NO_2^-/g$ FW 波动，但在整个伤害时间内，处理苹果的 $O_2^-\cdot$ 的产生速率要稍高于对照［图 3-20（a）］。两种伤害处理与正常果及两种伤害处理之间差异极显著（$P<0.01$）。

从图 3-20（b）可以看出，两种处理（70cm 和 40cm 高处跌落的果实）后果实体内的 H_2O_2 含量均在逐渐升高，并在伤害后 4h 达到最高值，其值分别为 $7.96\times10^{-2}\mu mol/g$ FW 和 $7.94\times10^{-2}\mu mol/g$ FW，然后逐渐下降，48h 后与伤害前相比均有小幅增加，增幅分别为 0.27%和 0.12%；而正常果实体内的 H_2O_2 含量在 48h 内始终在 $7.93\times10^{-2}\mu mol/g$ FW 左右［图 3-20（b）］。数据分析显示，两种伤害处理与正常果及两种伤害处理之间差异未达显著水平（$P>0.05$）。

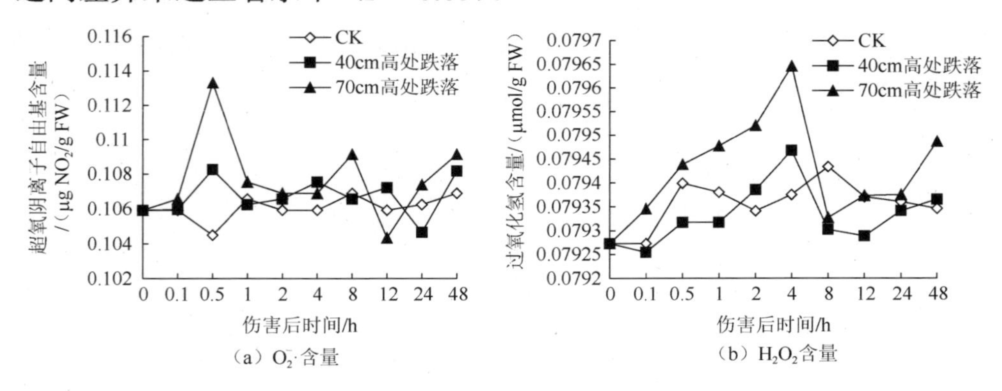

图 3-20　伤害处理对“富士”苹果 $O_2^-\cdot$ 和 H_2O_2 含量的影响

5. 碰伤后“富士”苹果保护酶系统的变化

SOD、CAT 和 POD 是植物细胞中清除活性氧的主要酶类，伤害处理后，苹果 3 种保护酶活性均发生变化，但各有其特点。

从 70cm 高处跌落的苹果果实 SOD 在伤害 48h 期间其 SOD 活性的变化呈现双峰曲线，并先后在伤害后 1h 和 24h 出现峰值，但后者的峰值比前者低 27.17U/(g protein·h)；从 40cm 高处跌落的果实和对照其 SOD 活性的变化则呈现波形变化［图 3-21（a)］。数据分析显示，两种伤害处理与正常果及两种伤害处理之间差异极显著（$P<0.01$）。

从 70cm 高处跌落的苹果果实在伤害后 1h 其 CAT 活性达到最大值，其值为 0.64U/（g protein·min），此后逐渐下降；从 40cm 高处跌落的果实在伤害后 0.5h 其 CAT 活性达到最大值，其值为 0.32U/(g protein·min)，伤害后 4h 其活性又有所上升，到伤害后 8h 再次下降；与两种伤害处理相比，正常果果肉内 CAT 活性一直围绕 0.21U/(g protein·min)呈波形变化［图 3-21（b)］。数据分析显示，正常果与 70cm 高摔伤处理差异极显著（$P<0.01$）。

从 70cm 高处跌落的苹果果实在伤害 48h 期间其 POD 活性的变化比较剧烈，在伤害后 1h 出现峰值，其值为 1.17U/(g protein·min)，到伤害 24h 后活性有所上扬，然后又再次下降；从 40cm 高处跌落的果实和正常果其 POD 活性的变化则呈现波形变化，始终在 0.21U/(g protein·min) 波动［图 3-21（c)］。数据分析显示，正常果与两种伤害处理差异均达显著水平（$P<0.05$）。

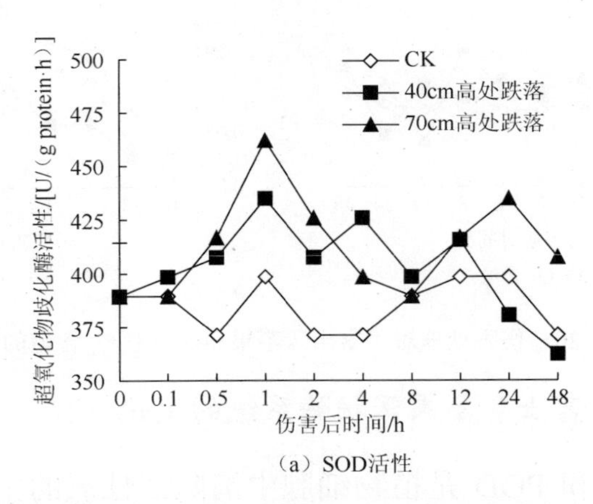

（a）SOD活性

图 3-21 伤害处理后“富士”苹果 SOD、CAT 和 POD 活性变化

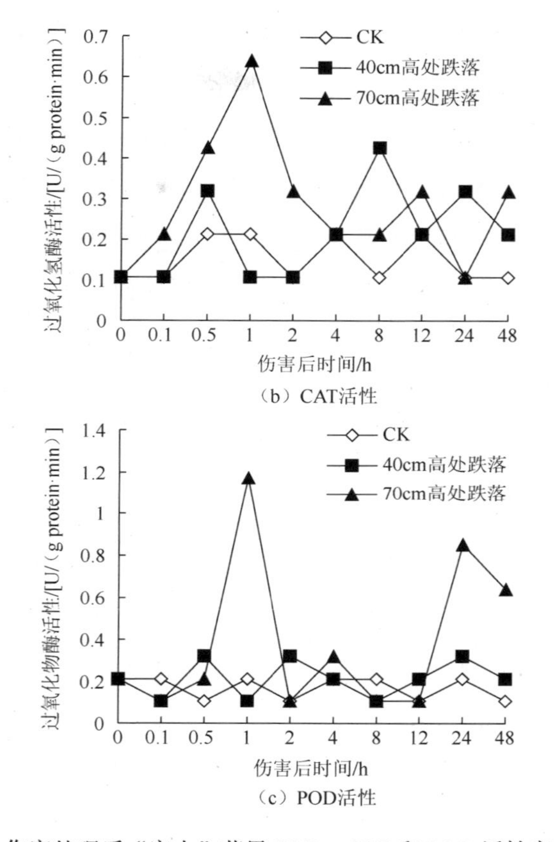

（b）CAT活性

（c）POD活性

图 3-21　伤害处理后“富士”苹果 SOD、CAT 和 POD 活性变化（续）

6. 碰伤对“富士”苹果 MDA 含量和 PAL 活性的影响

MDA 是膜脂过氧化最终产物，其含量可以反映植物遭受伤害及衰老的程度。从图 3-22（a）可看出，伤害处理后其 MDA 含量总体上均呈现波形上升趋势。70cm 高处跌落的果实其 MDA 含量先后在伤害后 2h 和 8h 出现 2 个峰值，对应的值则为 0.41mmol/g FW 和 0.59mmol/g FW。40cm 高处跌落的果实其 MDA 含量则在伤害后 12h 出现峰值，其值为 0.31mmol/g FW。而正常果则变化不大，一直在 0.16mmol/g FW 左右波动。数据分析显示，正常果与 70cm 高摔伤处理差异极显著（$P<0.01$）。

苯丙氨酸解氨酶（PAL）是普遍存在于高等植物中的苯丙氨酸代谢途

径的关键酶和限速酶系。PAL 活性与细胞状态、环境条件、病害反应等有着密切的关系（Chen et al.，2006；程水源等，2003）。从图中 3-22（b）可看出，70cm 高处跌落的果实在伤害后 1h 出现高峰，40cm 高处跌落的果实在伤害后 2h 出现高峰，其峰值分别为 60.8U/(g protein·h)和 51.2U/(g protein·h)，而正常果果实其 PAL 活性则一直维持在较低水平。数据分析显示，正常果与两种伤害处理差异极显著（$P<0.01$）。

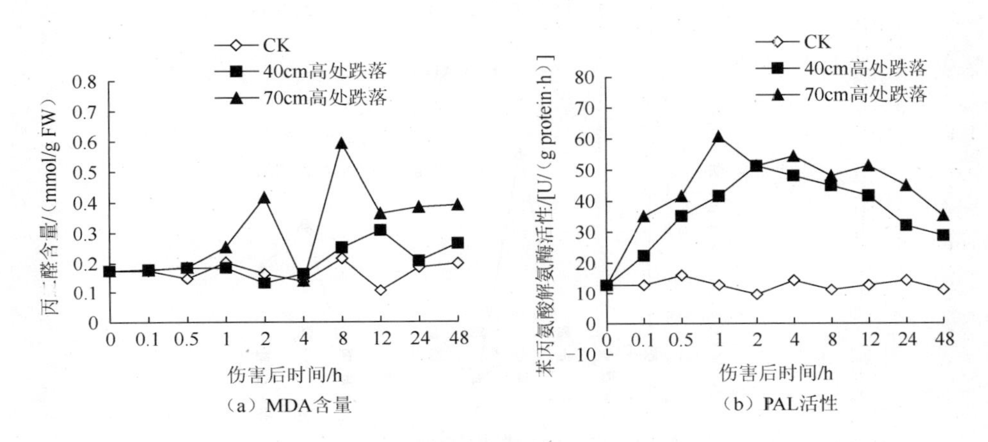

图 3-22　伤害处理后“富士”苹果 MDA 含量和 PAL 活性的变化

3.2.3　讨论

1. 碰伤对“富士”苹果呼吸作用、乙烯释放速率的影响

采后园艺产品是一个活的有机体，其生命代谢活动仍在有序地进行，呼吸作用成为其生命活动的主要标志。呼吸作用不仅为采后果品的一切生理活动提供必需的能量，而且其产生的中间产物如酮酸等又成为采后果品各种合成过程的原材料。大量研究表明，机械损伤会使果蔬组织呼吸速率显著增加，并随着衰老过程而进一步加强，甚至还会导致某些果蔬组织呼吸途径发生变更。Theologis 和 Laties（1980）报道，马铃薯、芜菁、甘蓝、甜菜根在切片后由原来的 CN-不敏感型变成 CN-敏感型，表明切割会使组织交替呼吸途径丧失，但随着贮期延长，这一途径又得以恢复；而番薯（*Ipomea batatas*）、欧洲防风（*Pastinaca sativa*）、

胡萝卜、油梨和香蕉在切片后并不发生呼吸途径的变更（潘永贵和施瑞城，2000）。Theologis 和 Laties（1980）进一步研究发现，前者膜脂发生了降解，而后者则未检测到，因此推测可能是由于膜脂降解使线粒体膜完整性受损，而交替呼吸途径则需要线粒体膜完整。另外他们认为也有可能是膜脂降解产物（游离脂肪酸、溶血卵磷脂、脂肪氢过氧化物等）对交替氧化酶抑制的结果，部分果蔬组织呼吸作用底物也会因机械损伤发生变化。研究发现，完整的马铃薯块茎呼吸底物为器官中的碳氢化合物，而新切的马铃薯则主要来自于脂类，但 1d 之内即开始转为碳氢化合物；Theologis 和 Laties（1981）也发现新切马铃薯呼吸释放的 CO_2 中有 70%来自于脂类。

在本书中，碰伤明显使“富士”苹果的呼吸作用加强，而且伤害越大，其呼吸速率越高，这与陈蔚辉和彭惠琼（2008）对橄榄、陈绍军等（2004）对枇杷、王艳颖等（2007b）对苹果、侯建设等（2002）对小白菜、刘迎雪和卢立新（2007）对小番茄以及朱克花等（2009）对黄花梨切片的研究结果相似。究其原因，是机械损伤使酶与底物间的间隔被破坏，导致酶与底物直接接触，氧化作用加强，使植物组织出现了呼吸速率显著升高的愈伤呼吸现象。

果蔬组织遭受碰伤会造成乙烯释放速率增加，即伤乙烯的生成。碰伤甚至还可诱发不产生乙烯，或原本乙烯生成很少的果蔬乙烯释放增加。例如，具有基因缺陷不能成熟的番茄突变体，在正常条件下几乎不产生乙烯，但机械损伤可使其释放乙烯。从本书研究中可看出，伤害 48h 后，40cm 高处跌落的苹果果实其乙烯释放速率是正常果的 2 倍，70cm 高处跌落的果实则几乎是正常果的 4 倍，而正常果的乙烯释放速率 48h 前后则变化很小。Watada 等（1990）也报道猕猴桃在 20℃下乙烯生成速率为 5nL/(kg FW·h)，切片 24h 后达到 1.3μL/(kg FW·h)，而同期的完整果实乙烯生成率几乎没有变化。朱克花等（2009）、侯建设等（2002）在小白菜上研究认为这主要是碰伤通过刺激 ACC 合成酶与乙烯形成酶（EFE）活性增加而导致乙烯生成增加。

2. 碰伤对“富士”苹果品质指标的影响

果实采收后，营养品质会发生明显变化，这些变化与果实的口感和营养价值等有很大的关系。控制和减少营养成分的损失，使果实的生理变化朝着有益的方向进行是果实采后生理研究的主要目的。

苹果硬度的大小取决于果肉细胞的大小、细胞间的结合力、细胞构成物的机械强度和细胞的膨压。细胞间的结合力与果胶有关，细胞壁的纤维素含量对硬度也有影响。本书中“富士”苹果果实机械损伤处理后果肉硬度总体上一直呈下降趋势，其中伤害处理条件下果肉硬度的下降速度及变化幅度均明显高于正常果。唐文等（2009）在鲜切青椒、王艳颖等（2007a）在苹果上也得出类似结果。这说明机械损伤破坏了细胞壁结构，引起细胞壁物质果胶在果胶酶的作用下由大分子量的非水溶性物质转化为小分子量的水溶性物质，从而导致果肉硬度下降，果实软化。

本书中伤害处理的“富士”苹果可溶性固形物含量（SSC）和可滴定酸（TA）含量总体上也一直呈下降趋势，这与陈蔚辉和彭惠琼（2008）在橄榄、王艳颖等（2007b）对苹果、陈绍军等（2004）对枇杷、朱克花等（2009）对黄花梨切片的研究结果一致。SSC 和 TA 的这种变化一方面与淀粉等多糖不断转化为可溶性碳水化合物、原果胶转化为可溶性果胶有关，另一方面也与果实自身以糖酸等物质作为呼吸底物进行的伤呼吸作用有关。

3. 碰伤对“富士”苹果 $O_2^-\cdot$ 和 H_2O_2 含量的影响

逆境对膜结构和功能的损伤，与逆境下活性氧积累诱发的膜脂过氧化作用密切相关（张继澍，2006）。丙二醛是脂质过氧化的产物，它的积累是活性氧毒害作用的表现（Hernández and Almansa，2002）。本书结果表明，两种伤害处理后，$O_2^-\cdot$ 和 H_2O_2 含量迅速提高，$O_2^-\cdot$ 含量在伤害后 0.5h 达到峰值，H_2O_2 含量在伤害后 4h 达到一个峰值。这与张雯等（2007）在复叶槭叶片上的研究结果相似。与之对应的 MDA 含量在这两个时间段并没有出现峰值，这主要与果实内抗氧化酶对活性氧清除的协同作用有关，伤害 4h 以后，两种处理（70cm 和 40cm 高处跌落）的 MDA 含量分别在 8h 和 12h 出现峰值，这可能是活性氧积累量太多，抗氧化酶难以及时清除所导致。伤害后 48h，两种处理（70cm 和 40cm 高处跌落）其 MDA 值与伤害前相比增幅分别为 123.14%和 51.06%。表明碰撞伤害在一定程度上能引起苹果果实膜脂过氧化。

4. 碰伤对"富士"苹果主要抗氧化酶活性的影响

植物体内存在着酶促（SOD、CAT 和 POD 等）和非酶促（SA 和 GSH 等）两类防御活性氧毒害的保护系统，它们协同作用，防御活性氧和其他过氧化自由基对细胞膜系统的伤害，抑制膜脂过氧化，以减轻逆境胁迫对植物细胞的伤害（Mittler，2002）。Giovanni 等（2006）研究了从 30cm 高处跌落的杏果实摔伤后 8d SOD 活性的变化，结果显示其 SOD 活性是未受伤果实的 1 倍，且活性一直保持很高；陈绍军等（2004）将枇杷果实在摇床上模拟振动损伤后 15h 测定其果肉的生理变化，发现其果肉 SOD 活性在损伤后 6h 达到峰值，然后迅速下降，并低于未损伤果实。本书中，伤害处理苹果后，SOD、CAT 和 POD 3 种抗氧化酶类活性均呈上升趋势，从而有效清除活性氧，维持膜系统稳定，因而，MDA 值在前期表现比较稳定。这与刘艳等（2004）对豌豆幼苗、陈蔚辉和彭惠琼（2008）对橄榄果实、申琳等（1999）对苹果的研究结果相似。但不同伤害处理，其抗氧化酶的动态变化不一样，70cm 高处跌落的果实其 SOD 和 POD 活性均在伤害后 1h 和 24h 先后出现一高一低两个峰值，CAT 活性则只在伤害后 1h 出现一个峰值；而 40cm 高处跌落的果实其 SOD 和 POD 活性一直呈现出波形变化，其 CAT 活性则在伤害后 0.5h 和 4h 出现两个峰值。植物体中 H_2O_2 的清除需要依赖 CAT 和 POD 两种保护酶的共同作用，而果实体内 CAT 和 POD 非协调变化，或许就是导致 H_2O_2 含量在 12h 后又有所升高的原因。这说明伤害胁迫与果实体内活性氧代谢密切相关，活性氧与抗氧化酶类的协同作用是有效降低膜伤害、诱导防御反应产生的重要环节。

5. 碰伤对“富士”苹果 PAL 活性的影响

植物组织遭受机械损伤后合成一系列次生物质，如苯丙烷类、黄酮类、萜类等。这些物质主要集中在伤口及其附近部位，参与伤愈合反应并抵抗病虫的入侵。大量次生物质主要通过苯丙烷类代谢途径合成，PAL 是这一途径的关键酶（Diallinas and Kanellis，1994）。李春立（1998）在苹果果实中进行了光的诱导和机械损伤试验，结果证明光照时间、光质、光强及机械损伤均对 PAL 活性及活性周期有重大影响。刘卫红和程水源（2003）的研究试验结果表明，光照条件下，银杏叶中 PAL 活性一直下降，在黑暗+机械损伤诱导时，PAL 活性快速上升，当达到一峰值后急剧下降，最后缓慢下降。Chen 等（2006a）研究结果显示，鲜切香蕉 PAL 活性在伤害后 18h 达到高峰，然后开始下降。王艳颖等（2007a）在“富士”苹果、王丰等（2009）在黄瓜幼苗上也得出类似结论。本书研究结果也表明，碰撞损伤可以诱导苹果果实体内的 PAL 活性升高，从而进一步有效诱导伤害防御反应产生。

本书报道了苹果遭受碰撞损伤后短时间内果实品质指标及主要抗氧化酶活性的动态变化。综合上述分析可以看出，碰撞伤害 48h 内果实品质指标波动比较大，碰撞损伤能很快激发苹果活性氧迸发，同时，通过诱导抗氧化酶类活性提高，降低膜脂过氧化水平，可以进一步诱导伤害防御反应产生。为了更好地揭示上述现象，今后应对苹果果实损伤后与伤害相关的信号分子如 JA、SA、NO 间的“信号互作”进行重点研究，从而深刻认识果实的损伤机理，以期为植物抗逆性的机理研究和 JA 作为防御激活因子在采后果蔬贮运中的应用提供理论依据。

第4章　“富士”苹果碰伤48h内茉莉酸及其他伤信号分子的变化

植物在整个生命周期面临各种逆境胁迫，其中伤害是植物所面临的最为普遍的胁迫之一。为了维持自身的生命活动，植物体必须对其做出快速而适当的反应。同遭受其他逆境一样，植物对机械胁迫也有其适应机制。通过启动体内防御反应信号系统应答外界的伤害，产生相应的防御反应，这些防御反应一方面有助于受伤部位愈合，另一方面诱导全身反应进一步阻止伤害的发生（León et al.，2001）。茉莉酸（JA）是一种植物调节物质，研究表明，JA与植物抗逆性密切相关，特别是JA作为伤信号分子的作用越来越引起人们的关注。在番茄（Orozco-Cárdenas et al.，2001）、马铃薯（Cohen et al.，1993）、烟草（Baldwin et al.，1997）等作物上的研究表明，内、外源JA/MeJA均可以将创伤信息传递到植物体内的其他部位，进而激发植物防御基因表达。人们对果蔬遭受机械伤害所产生的一系列生理生化异常变化关注较多，而对其自身适应性能力研究较少，特别是将伤信号概念引入采后果蔬贮运、加工方面鲜有报道（刘艳等，2008）。因此，研究果蔬伤信号转导机制，从而制订相应的采后处理策略具有重要的理论和实践意义。研究显示，植物对于伤害的抗性反应是个复杂的系统，茉莉酸信号途径起到主导作用，此外还受到其他多个信号途径的调控，如脱落酸（ABA）信号途径、水杨酸（SA）信号途径、一氧化氮（NO）信号途径和乙烯（Eth）信号途径等，并且这些信号途径之间都存在不同程度的作用交叉（De Vos et al.，2005；Salzman et al.，2005；Li et al.，2004a；McDougald et al.，2003；Rojo et al.，1999），从而形成复杂的信号网络，共同调控植物的防卫反应。

刘艳等（2008）对豌豆叶片内源水杨酸和茉莉酸类物质对机械伤害

的响应进行了研究；任琴等（2006）研究了受害马尾松针叶内脱落酸含量的变化；张可文等（2005）研究了脂氧合酶（LOX）、ABA 与 JA 在合作杨损伤信号传递中的相互关系；刘新等（2005）对 NO 参与 JA 诱导蚕豆气孔关闭的信号转导进行了研究；王霞等（2007）对褐飞虱为害激活水稻类似的信号转导途径进行了研究。尚鲜见关于“富士”苹果机械损伤后内源 JA 变化影响方面的报道，对苹果遭受机械损伤后短时间内 JA 是否有响应以及苹果在机械胁迫下，JA 和 ABA、SA、NO 以及 Eth 信号之间是拮抗还是协同作用，它们之间否存在交叉也尚鲜见报道。因此，本书以“富士”苹果为试材，研究不同高度跌落处理后 48h 内“富士”苹果内源 JA 和内源 ABA、SA、NO 以及 Eth 含量的动态变化，以期为 JA 诱导植物抗逆性的机理研究和 JA 作为防御激活因子在采后果蔬贮运中的应用提供理论依据，并启发人们创造适宜的条件，促进受伤部位愈伤组织的形成，从而为净加工果蔬的保鲜提供一定的理论依据。

4.1　材料与处理

1. 试验材料

样品采集及前处理、留样方法同第 3 章。

2. 测定指标与方法

（1）JA、ABA 的分析。参照陈华君等（2005）的方法。采用内标法定量，D_3-JA 和 D_3-ABA 是英国威尔士大学 Roger Horgan 博士所赠。称取 0.5g 样品，加少量预冷的 80%甲醇在冰浴中迅速研磨成匀浆后，转移至小烧杯中，加入 D_3-JA 和 D_3-ABA，−20℃过夜。次日过滤，滤液反复冻融 3 次，10000r/min 离心 10min，上清液转移至梨形瓶中 35℃真空浓缩至水相。调 pH 至 2.5～3.0 后用乙酸乙酯萃取 3 次，合并萃取液，35℃真空浓缩去除乙酸乙酯相。用甲醇溶解蒸发瓶内的残留物，过 C_{18} Cep-Pak 小柱，将所得的溶液转移至毛细管中经甲酯化处理后，用于 GC/MS 检测。样品被进样到 GC/MS 仪（Trace 2000-Voyager，Finnigan，Thermo-Quest）中分离鉴定。

GC 分析条件：色谱柱 OV-1，25m×0.25mm×1.0μm。载气为氦气，压力为 6kPa，流速 0.8mL/min。色谱柱采用程序升温，从起始温度 50℃，以 20℃/min 升至 200℃后再以 10℃/min 升至 280℃；280℃进样，不分流。

质谱采用 EI，70eV，从 m/z 30～500 全扫描，每 0.5s 扫描 1 次。Me-JA：m/e 224，RT：7.48min；Me-ABA：m/e 190，RT：10.44min；Me-D3-ABA：m/e 193，RT：11.01min。

（2）SA 含量测定。参照 Verberne 等（2002）的方法提取 SA。取 1g 果肉，加入 1mL 冷甲醇（90%）研磨成浆，10000r/min 离心 5min，残渣用 100%甲醇研磨液重复提取 1 次。合并上清液，并重新离心。将所得上清液经旋转真空干燥仪浓缩到原体积的 1/10，然后加 5%三氯乙酸水溶液，涡旋混匀。加入乙酸乙酯∶环己烷（1∶1，体积比）进行萃取分离，上层有机相中含有游离态 SA，下层水相中含有结合态 SA。向水相中加入 8mmol/L 的 HCl，80℃酸解 1h，冷却后按上述方法制备结合态 SA 粗提液。将上述所得 SA 采用中速旋转蒸发仪浓缩干燥，干燥后，加入 600μL HPLC 洗脱液，微孔滤膜过滤后用 HPLC 法分别测定自由态和结合态 SA 含量，两者之和即为总 SA 含量。

（3）NO 含量测定。取 2g 果肉在冰浴条件下加入 10mL 匀浆介质（pH 7.4，0.01mol/L Tris-HCl，0.0001mol/L EDTA-2Na，0.01mol/L 蔗糖，0.8%氯化钠溶液）充分研磨后在 4440r/min 离心 10min，取上清液参考试剂盒说明书进行测定（试剂盒购自南京建成生物工程研究所）。0.1mL 上清液加 0.2mL 反应液 37℃反应 60min，然后常温下 710r/min 离心 10min，取 0.8mL 上清液加显色剂 0.6mL 显色，室温静置 10min 后，蒸馏水调零，用分光光度计在 550nm，0.5cm 光径比色测定吸光度，每处理重复 3 次。

（4）乙烯释放率测定。用岛津 GC-14A 型气相色谱仪测定，氢火焰离子化检测器检测。乙烯分析条件：GDX-502 色谱柱，柱温 60℃，氢气 0.7kg/cm^2，空气 0.7kg/cm^2，氮气 1.0kg/cm^2，检测室温度 110℃，单位为 μL/(kg·h)。

（5）脂氧合酶（LOX）的提取与活性测定。LOX 粗酶液提取参照 Lara 等（2003）的方法。取 5g 果肉用液氮充分研磨，在冰浴条件下加入 10mL 0.1mol/L 的磷酸缓冲溶液（pH 7.5，含有 2mmol/L DTT；0.1%（体积分数）Triton X-100；1%（质量浓度）PVPP），充分振荡混匀。匀浆过 4 层纱布后在 4℃、10000r/min 离心 15min，取上清液作为粗酶液。

LOX 活性测定反应液由以下成分组成：2.5mL 0.1mol/L pH 8.0 磷酸缓冲液、400μL 底物溶液（0.1mol/L pH 8.0 磷酸缓冲液含有：8.6mmol/L 亚麻酸；0.25%（体积分数）Tween-20；10mmol/L NaOH 溶液），以及 10μL 酶提取液，234nm 比色，用不含酶提取液的反应液为空白，记录 1min 内 A_{234} 的变化，酶活性以 U/（mg protein·min）表示。每样品重复 3 次。

（6）蛋白质含量测定。采用考马斯亮蓝法。

3. 数据处理

测定数据用 SAS（V8.0）统计软件进行分析。

4.2　结果与分析

4.2.1　碰伤对“富士”苹果内源茉莉酸含量的影响

大量研究表明，JA 在植物遭受机械伤害的反应中起着重要作用。从图 4-1 可看出，从 70cm 高处跌落的果实在伤害 48h 期间其内源 JA 含量的变化比较剧烈，在伤害后 1h 达到高峰，并且其峰值高达 112.49ng/g FW；从 40cm 高处跌落的果实在伤害后 0.5h 出现一个高峰，其峰值为 52.71ng/g FW；而对照在 48h 内其内源 JA 含量的变化比较平稳，基本稳定在 3.61～7.31ng/g FW，并且对照与两种伤害处理及两种处理之间差异极显著（$P<0.01$）。

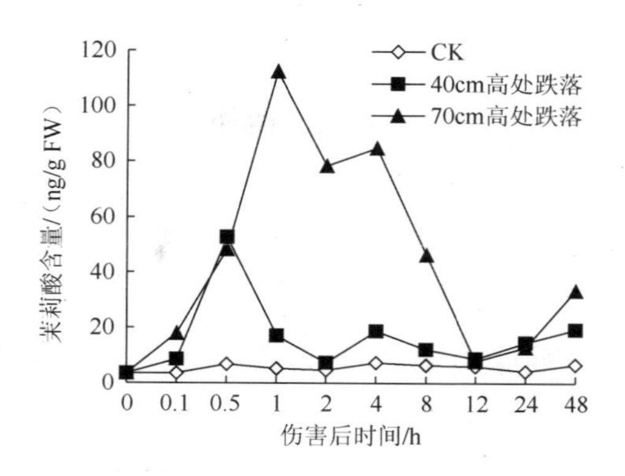

图 4-1　伤害处理对“富士”苹果内源 JA 含量的影响

4.2.2　碰伤对“富士”苹果内源脱落酸含量的影响

伤害处理后苹果内源 ABA 含量变化如图 4-2 所示。在伤害后 2h 从 40cm 和 70cm 高处跌落的果实 ABA 含量即迅速升高并达到最大值，其值分别为 221ng/g FW 和 195ng/g FW，而同期正常果的 ABA 含量仅为 104.08ng/g FW。伤害后 2h 两种处理的果实 ABA 含量开始下降，其中，40cm 高处跌落的果实 ABA 含量在伤害后 8h 降至最低，值为 123.40ng/g FW，然后一直呈曲线上升趋势；70cm 高处跌落的果实 ABA 含量在伤害后 8h 降至最低，值为 80.99ng/g FW，然后开始上升，在伤害后 24h 再次出现一个高峰，其峰值为 219.27ng/g FW；而正常果则一直在 116.96ng/g FW 波动。数据分析显示，两种伤害处理与对照差异达显著水平（$P<0.05$），但处理之间差异不显著（$P>0.05$）。

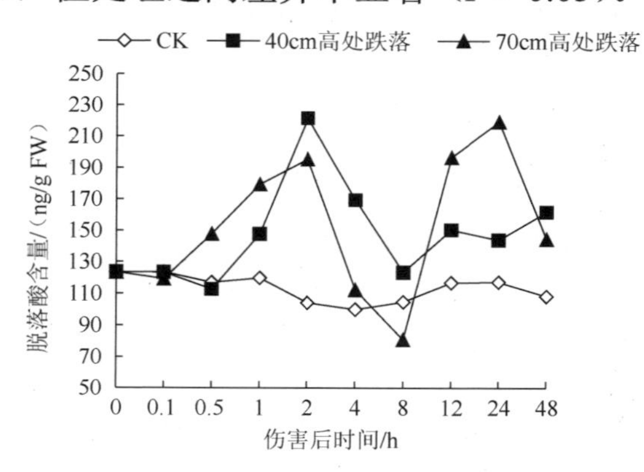

图 4-2　伤害处理对“富士”苹果内源 ABA 含量的影响

4.2.3 碰伤对“富士”苹果内源水杨酸含量的影响

水杨酸（SA）是一种小分子酚类物质，在植物体内的存在形式主要有游离水杨酸（SA）、水杨酸-2-O-β-葡萄苷（SAG）、水杨酸甲酯（MeSA）。游离SA与葡萄糖形成无活性的SAG存在于细胞内，能防止大量游离SA对植物细胞可能产生的毒害作用。在特定情况下，SAG能释放到胞间，被β-葡萄糖苷水解酶转化为游离SA，游离SA再进入细胞，诱导防卫反应的发生。此外，SA还能大量转变为挥发性的MeSA，对植物具有多种生理功能（Lee et al.，1995）。本书研究了损伤处理下苹果游离态和结合态SA的含量变化，结果如图4-3所示。

（1）游离态SA含量。正常条件下，“富士”苹果果肉中自由态SA含量约为9.04ng/g FW。伤害处理后，游离态SA含量迅速下降，40cm和70cm高处跌落的果实其游离态SA含量降幅在伤害后分别达到87.61%和71.81%，并且在伤害处理后0.5h和2h降到最低，其值分别为0.55ng/g FW和0.06ng/g FW，而正常果则变化很小，几乎在9.50ng/g FW上下波动[图4-3（a）]。数据分析显示，两种伤害处理与对照差异达显著水平（$P<0.05$），但处理之间差异不显著（$P>0.05$）。

（2）结合态SA含量。正常条件下，“富士”苹果果肉中结合态SA含量约为27.37ng/g FW，其值远高于自由态SA含量，两者之比约为1∶3.03。伤害处理后，结合态SA含量迅速下降，40cm和70cm高处跌落的果实其降幅在伤害后分别达到72.91%和74.72%。其中，40cm高处跌落的果实其含量在伤害处理后2h降到最低，其值为3.64ng/g FW，此后一直呈曲折上升趋势，到伤害后48h时，其值为14.82ng/g FW；70cm高处跌落的果实其含量在伤害处理后则一直呈下降趋势，并且在伤害处理后24h降到最低，其值为2.74ng/g FW，此后其值又有所升高；正常果则一直在25.19ng/g FW左右波动[图4-3（b）]。数据分析显示，两种伤害处理与对照差异达显著水平（$P<0.05$），但处理之间差异不显著（$P>0.05$）。

（3）总 SA 含量。在植物体内游离态 SA 与结合态 SA 之间可以相互转化。为了便于分析，本书还统计了二者的总值，结果如图 4-3（c）所示。其变化趋势和结合态 SA 一样，40cm 高处跌落的果实其含量在伤害处理后 2h 降到最低，其值为 5.44ng/g FW，此后一直呈曲折上升趋势；70cm 高处跌落的果实其总 SA 含量在伤害处理后一直呈下降趋势，并且在伤害处理后 24h 降到最低，其值为 4.09ng/g FW，此后其值又有所上升；正常果则一直在 35.72ng/g FW 左右波动。数据分析显示，两种伤害处理与对照差异达显著水平（$P<0.05$），但处理之间差异不显著（$P>0.05$）。

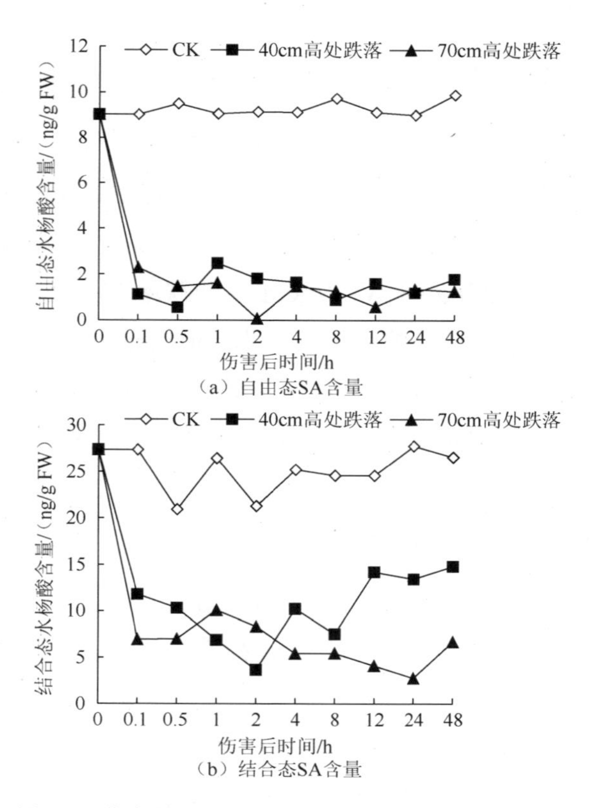

图 4-3 伤害处理对"富士"苹果内源 SA 含量的影响

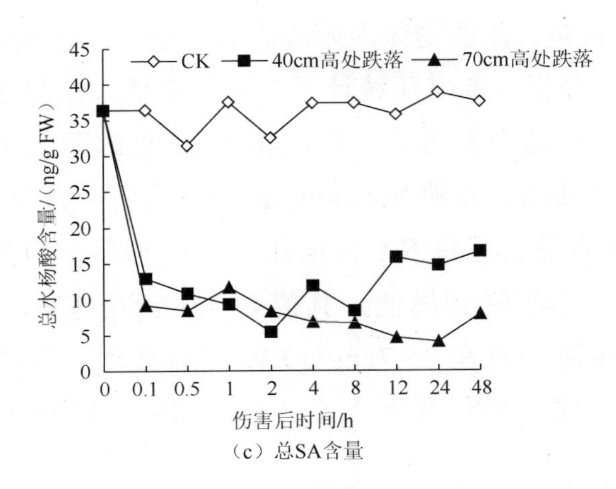

（c）总SA含量

图 4-3　伤害处理对“富士”苹果内源 SA 含量的影响（续）

4.2.4　碰伤对“富士”苹果内源一氧化氮含量的影响

伤害处理后苹果内源 NO 含量变化如图 4-4 所示。伤害处理后“富士”苹果内源 NO 含量总体上呈下降趋势。其中，40cm 高处跌落的果实内源 NO 含量在伤害后 4h 和 24h 分别出现两个峰值，其值分别为 146.24ng/g FW 和 162.32ng/g FW；70cm 高处跌落的果实内源 NO 含量在伤害后 2h 和 12h 分别出现两个峰值，其值为 130.96ng/g FW 和 111.42ng/g FW；正常果则一直在 184.32ng/g FW 波动。数据分析显示，两种伤害处理与对照及两种伤害处理之间差异均达显著水平（$P<0.05$）。

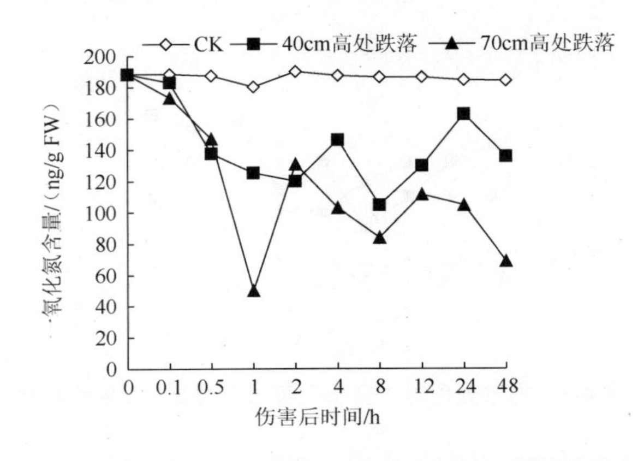

图 4-4　伤害处理对“富士”苹果内源 NO 含量的影响

4.2.5 碰伤对“富士”苹果内源乙烯释放速率的影响

乙烯是植物自然代谢的一种产物，在植物的生命周期中起着重要的调节作用，尤其对果实的成熟衰老起着重要的调控作用。与正常果相比，两种伤害处理显然促进了果实内源乙烯的生成，70cm 高处跌落的果实这种促进效果则更明显（图 4-5）。以 70cm 高处跌落的果实为例，其内源乙烯的释放速率在损伤前为 0.22μL/(kg·h)，伤害后 48h 则增加到 2.48μL/(kg·h)；而正常果在 48h 后其内源乙烯的释放速率仅为 0.59μL/(kg·h)，两者的差值达 1.89μL/(kg·h)。数据分析显示，两种伤害处理与正常果及两种伤害处理之间在乙烯的释放速率上差异均达极显著水平（$P<0.01$）。

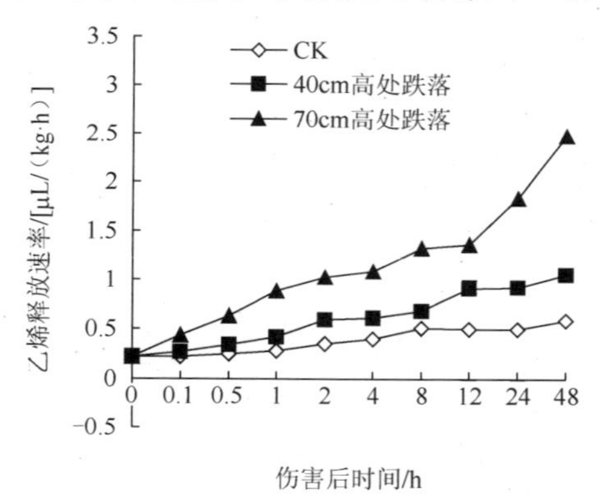

图 4-5 伤害处理对“富士”苹果内源乙烯释放速率含量的影响

4.2.6 碰伤对“富士”苹果脂氧合酶活性的影响

脂氧合酶（Lipoxygenase，LOX），又名亚油酸：氧氧化还原酶，俗称脂肪氧化酶、脂肪加氧酶、脂肪氧合酶或类胡萝卜素氧化酶，广泛存在于哺乳动物、植物和微生物中。LOX 是一种含非血红素铁或锰的加氧酶，专一催化包括亚油酸、亚麻酸、花生四烯酸在内的具有顺、顺-1,4-戊二烯结构的多元不饱和脂肪酸及其相应酯的加氧反应，从而生成具有共轭双键的脂氢过氧化物（Hydroperoxides，HPOD）。伤害处理后苹果 LOX 活性变化如图 4-6 所示。其中，40cm 高处跌落的果实 LOX 活性在伤害后 0.5h 和 24h 分别出现两个峰值，其值分别为 28.23U/mg protein

和 21.91U/mg protein；70cm 高处跌落的果实 LOX 活性在伤害后 2～8h 一直维持在高水平，其值为 30.21U/mg protein 左右；正常果在伤害后 0～1h LOX 活性有所降低，此后则一直在 10.17U/mg protein 左右波动。数据分析显示，两种伤害处理与对照差异达显著水平（P<0.05），但处理之间差异不显著（P>0.05）。

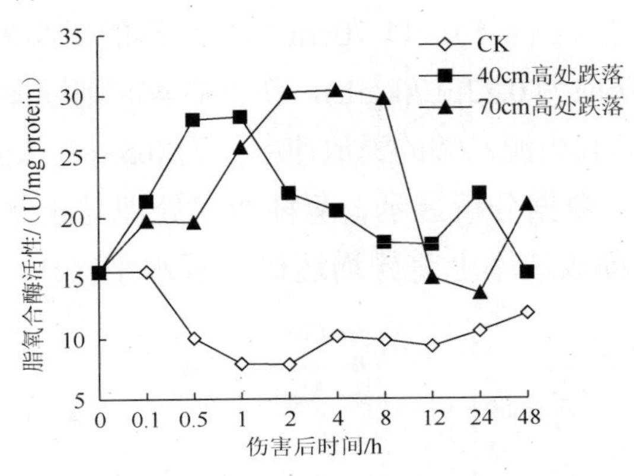

图 4-6　伤害处理对“富士”苹果 LOX 活性的影响

4.3　讨　　论

4.3.1　碰伤对“富士”苹果内源茉莉酸含量的影响

茉莉酸对植物的生理作用是多方面的，特别是其作为伤信号分子的研究备受瞩目。研究表明，JA 可以将创伤信息传递到植物体内的其他地方，进而激发植物防御基因表达（Koiwa et al.，1997；Wasternack and Parthier，1997）。Baldwin 等（1994）以双标记的[1,2-^{13}C]JA 作为内标，在烟草叶受到不同程度的伤害时，通过气相色谱-质谱法来定量测定根和叶中 JA 的含量。结果发现，在受伤后 90min 内受伤烟草叶片中 JA 的含量增加了 10 倍，180min 后根中 JA 含量增加了 3.5 倍，并且伤害程度与 JA 含量成正相关。本书观测了伤害处理 48h 后“富士”苹果内源 JA 含量的动态变化。结果显示，在摔伤后的 48h 内，两种处理（70cm 和 40cm 高处跌落）的果实其内源 JA 含量分别在 1h 和 0.5h 内达到高峰；到 48h 后，其值分别是处理前的 9.27 倍和 5.36 倍；并且随着伤害程度的增加，内源 JA 含量大幅增加，70cm 高处摔伤的果实其峰值比 40cm 高处摔伤的果实高 59.78ng/g FW。表明 JA 对伤害能做出快速应答，并可诱导果实内源 JA 含量迅速增加。这与刘艳等（2004）在豌豆叶片、Baldwin 等（1997）在烟草叶片、Watanabe 等（2001b）在南瓜、Seo 等（1995）在烟叶以及 Wang 等（2000）在拟南芥上的研究结果一致。Zhang 和 Baldwin（1997）认为，JA 含量增加可能是由两种原因造成：①作为伤诱导的次级效应，在受伤部位新合成 JA；②在伤诱导下 JA 从存储库或由结合态的 JA 释放出游离态的 JA。此外还有一种可能就是，伤害条件下 JA 在植物体内发生重新分布。已有学者用 JA 合成的抑制剂证明在伤反应中 JA 从头合成的重要性（Baldwin et al.，1994，1997），亦有证据表明 JA 能够以结合态形式存在，当接受外界信号时 JA 的存储库可释放游离态 JA（Kramell et al.，1995）。

4.3.2 碰伤对“富士”苹果内源 ABA 含量的影响

大量实验结果表明，ABA 也参与伤反应信号传递。外施 ABA 可诱导 JA 合成，并且在伤信号转导链中 JA 位于 ABA 下游，诱导编码蛋白酶抑制剂Ⅱ的 *pin2* 基因表达（Pena-Cortés et al.，1996）。马铃薯、烟草和番茄等植株在伤害胁迫下受伤部位和非受伤部位 ABA 和 JA 都升高（Pena-Cortés and Willmitzer，1995）。Birkenmeier 和 Ryan（1998）研究也指出 ABA 作为一个主要组分参与活化防御基因表达伤信号转导过程。Moons 等（1997）、Casaretto 等（2004）以及 Lee 等（1996）研究指出，JA 和 ABA 对植物的生理调节也存在一定差异性甚至拮抗作用。

Pena-Cortés 和 Willmitzer（1995）研究表明，在伤害胁迫下，马铃薯（*Solanum tuberosum*）、烟草（*Nicotiana tabacum*）和番茄（*Lycopersicon esculentum*）等植株受伤部位和未受伤部位的 ABA 和 JA 都升高。

杨迪等（2003）在复叶槭（*Acer negundo*）损伤叶片、任琴等（2006）在受害马尾松针叶、张可文等（2005）在损伤合作杨叶片中均得出类似结论。Creelmn 和 Mulent（1995）研究表明，大豆叶片水分胁迫处理后

ABA 与 JA 含量明显增加，而且 JA 比 ABA 积累早 1～2h，并在短时间内比 ABA 含量高。本书中，在摔伤后的 48h 内，两种处理（70cm 和 40cm 高处摔伤）的苹果果实其内源 JA 含量分别在 1h 和 0.5h 达到高峰，ABA 在伤害后即迅速升高并在伤害后 2h 达到最大值，这与 Pena-Cortés 和 Willmitzer（1995）、杨迪等（2003）、任琴等（2006）、张可文等（2005）以及 Creelmn 和 Mulent（1995）的研究结果一致。这说明“富士”苹果在遭受机械损伤后，ABA 和 JA 一样，也参与了果实对损伤的应答，是伤害反应信号转导中的重要组分，在植物的伤反应防御系统中起一定作用。从本书研究中还可看出，伤害刺激后，ABA 出现的高峰时间要晚于 JA 高峰出现的时间，但在高峰出现前其一直呈上升趋势。这是否说明在以 JA 为主导的伤信号转导途径中 ABA 位于 JA 上游，还需进一步结合分子机理进行验证。

4.3.3 碰伤对“富士”苹果内源水杨酸含量的影响

长期以来，SA 被认为是植物对病原菌入侵产生抗性反应的信号分子，JA 则是植物对创伤产生抗性反应的信号分子，两者在产生途径、诱导因子及诱导基因表达等方面各不相同，即这两套防御系统是相对独立的（李国婕和周燮，2002）。JA 与 SA 之间的相互作用首先表现在两者之间的拮抗作用。例如，在烟草中，SA 处理后抑制了 MeJA 诱导的碱性 *PR* 基因的表达，MeJA 能抑制 SA 诱导的酸性 *PR* 基因的表达（Niki et al.，1998）。SA 既可在 JA 的上游又可在 JA 的下游阻止 JA 的合成及其信号转导（Heil and Bostock，2002）。JA 与 SA 途径并非总是表现出拮抗，也存在着协同效应。转录水平基因表达分析显示，有相当一部分基因的表达受两种激素共同诱导或抑制，表明两种信号途径有一部分重叠（Glazebrook et al.，2003；Schenk et al.，2000）。

Lee 等（2004）研究发现，伤害能短时间内诱导水稻内源 JA 含量增加却抑制了内源 SA 含量增加，并推测认为，伤害早期内源 JA 与 SA 含量比值的升高是有效诱导防御反应产生的重要因素。王霞等（2007）研究指出，机械损伤并经 β-葡萄糖苷酶处理能明显提高水稻水杨酸、乙烯和过氧化氢的浓度，但却降低了茉莉酸的含量。在本书研究中，“富士”苹果伤害处理后，不论是游离态 SA 还是结合态 SA 以及总 SA 含量，都呈急速下降趋势，在很短的时间内降幅都超过了 70%，而茉莉酸含量却呈增加的趋势。另外，从本书还可看出，当 JA 含量出现高峰时，与之相对应的游离态 SA 含量正好处于低谷，从上述两点是否可以得出伤害诱导了果实体内的 JA 信号传导途径，而抑制了 SA 信号传导途径，并且在伤诱导过程中，游离态 SA 处于主导地位？可以推测，在以 SA 为主导的病害防御体系中，真正发挥主导作用的还是游离态 SA。这些结论及推测是否经得起考验，尚需进行深入研究。

4.3.4 碰伤对“富士”苹果 NO 含量的影响

NO 是植物体内广泛存在的调节物质。大量研究表明，JA 和 NO 作为内源信号分子均参与植物体对低温、高温、机械损伤、干旱、盐分、激发子和病原菌等生物和非生物胁迫反应（Zhao et al.，2007；Grun et al.，2006；Zhang et al.，2006；Pedranzani et al.，2005）。植物体内至少存在 3 条形成 NO 的途径，即一氧化氮合酶、硝酸还原酶或亚硝酸还原酶（NR/NIR）和非酶途径形成 NO（Wojtaszek，2000）。

研究证明，NO 在伤害和 JA 信号途径中起着重要的作用。Orozco-Cardenas 和 Ryan（2002）研究指出，NO 存在于伤或 JA 信号途径中，如 NO 供体 SNP 抑制伤诱导的番茄 H_2O_2 合成，也抑制伤或 JA 诱导的防御基因的表达。Jih 等（2003）在甘薯中发现，NO 供体延迟或减少伤害诱导 H_2O_2 的产生和 JA 相关基因 *ipomoelin* 的表达。Huang 等（2004）的研究也表明，伤或 JA 诱导拟南芥表皮细胞产生 NO，而外源 NO 诱导生物合成的基因表达，但是 NO 处理又不增加细胞中 JA 的水平，却使 SA 缺乏的突变体植株产生 JA。Huang 等（2004）和 Zemojtel 等（2006）研究指出，NO 能激活 JA 合成相关基因的表达。在本书的研究中，70cm 高处摔伤的苹果其果实内源 JA 含量在伤害后 1h 内达到高峰，而此时对应的 NO 含量则降低到最小值；40cm 高处摔伤的果实其内源 JA 含量在伤害后 0.5h 内达到高峰，此时 NO 含量则继续呈下降趋势。这是否说明在伤信号分子 JA 合成中 NO 起负调控作用？

4.3.5　碰伤对“富士”苹果乙烯释放速率的影响

众所周知，植物在受到物理性伤害或环境胁迫时，会迅速产生大量乙烯（Ecker，1995）。其作用似乎是在阻止因伤害而引起的病菌侵染与表达，以及减少胁迫的不利影响。大量试验证明，乙烯参与了 JA 介导的伤信号反应。O’Donnell 等（1996）的研究表明，乙烯参与了 JA 介导的伤信号反应，伤害和 MeJA 处理番茄悬浮培养细胞后会诱导乙烯迅速产生，30min 可检测到，4h 内降至基础水平，在 2～4h 检测到 *pin* 基因转录；在乙烯抑制剂（STS、NBD）存在时，外施 JA 对 *pin* 基因表达无效，表明乙烯可能在伤害信号转导中位于 JA 的下游。

此外，Doares 等（1995）研究发现，乙酰水杨酸能抑制番茄 *PI* 基因的表达，同时也抑制乙烯合成刺激物诱导乙烯的形成，但是单独施用乙烯或 JA 都不能逆转乙酰水杨酸的抑制作用，只有乙烯和 JA 同时施用才能再次诱导 *PI* 基因的表达。这些结果表明，伤反应中乙烯的合成和 *PI* 基因的表达紧密相关，乙烯和 JA 共同调节伤反应中 *PI* 基因的表达（O’Donnell et al.，1996；Xu et al.，1994）。O’Donnell 等（1996）研究证明，JA 及乙烯介导的信号途径是番茄创伤反应的基础，两者的存在为这些反应所必需，同时两者又可以相互诱导对方的合成，但是仍无法确定这些防御反应是否共享 JA 及乙烯传导途径下游的反应产物。

从本书研究可看出，伤害 48h 后，40cm 高处跌落的苹果果实其乙烯释放速率是正常果的 2 倍，70cm 高处跌落的果实几乎是正常果的 4 倍，而正常果的乙烯释放速率 48h 前后变化很小。这也从一个侧面说明乙烯参与了 JA 介导的伤信号反应。伤害可诱导乙烯的生物合成，表明乙烯可能作为伤反应的化学信使（O’Donnell et al.，1996），而 Cheong 等（2002）研究指出，伤信号通路与乙烯信号通路的交互作用可能发生在转录水平。另外，从本书中还可看出，伤害刺激后 JA 增长的幅度要远大于 Eth 增长的幅度，是否可据此推测，在伤信号转导途径中，Eth 作为伤信号分子，位于 JA 的下游？

4.3.6 碰伤对“富士”苹果 LOX 活性的影响

LOX 是 JA 形成过程中的关键酶，JA 的形成源于从植物细胞膜上释放的α-亚麻酸，而α-亚麻酸在质体中经脂氧合酶途径氧化成 13（S）-氢过氧-亚麻酸，是 JA 合成的起始关键物质（徐伟和严善春，2005；吴劲松和种康，2002；McConn et al.，1997）。胁迫诱导 JA 积累是一个复杂的信号传导过程，在烟草（宫长荣等，2003）、拟南芥（Bell and Mullet，1991）中的实验也表明：LOX 是该信号合成途径的关键酶。Pena-Cortés 等（1993）和 Doan 等（2004）研究指出，在烟草和拟南芥中通过外施去甲二氢愈创木酸（nordihydroguaiaretic acid，NDGA，一种脂氧合酶抑制剂）可抑制 LOX 活性，使 JA 的生物合成降低（Doan et al.，2004；Pena-Cortés et al.，1993），同时在拟南芥中克隆到的抗逆基因，它参加抗真菌侵染作用，可以被外施 JA 所诱导（王冬良等，2005）。从本书研究可以看出，伤害后 LOX 活性、JA 含量都呈上升趋势，对于 40cm 高处跌落的果实，其 LOX 活性在伤害后 0.5h 出现峰值，相应的 JA 在此时也出现一个高峰，在 70cm 高处跌落的果实上也可看到类似的变化，也就是在 LOX 活性降低时，JA 含量也处于较低水平，这是否说明 JA 的含量受 LOX 活性影响，以及伤害信号先激活 LOX 活性，并促进 JA 的合成，进而导致一系列防御反应相关基因的表达，尚需更多的研究来支撑。

总之，植物的防卫反应是一个由各种信号转导途径相互作用产生的复杂过程。不同的信号途径之间往往存在活跃的互作对话机制，从而形成复杂的信号网络，植物也通过协同和拮抗等作用精细地调控不同的防御信号转导途径获得更高效的胁迫耐受性。从本书研究可以看出，在以 JA 伤信号途径为主导的情况下，ABA 和 Eth 对 JA 伤信号的表达起着协同作用，而 SA 和 NO 则起着拮抗作用。当然，植物的防卫反应被一个复杂的相互作用的信号途径网络调控，在这样的一个信号网络中，植物是怎样利用各种信号途径的相互对话、协调和拮抗作用来精细调控对于各种生物胁迫因子的分子机制仍然不清楚，因此，进一步从分子机理上阐明植物防御反应的相关机制，并借助于一些模式植物和突变体对各信号网络的结合位点进行探讨，将是今后的研究热点之一。

第 5 章　基于灰色系统理论用电学参数预测苹果品质指标

机械损伤是果蔬在贮运过程中腐烂变坏的主要原因之一。据估计，由于机械损伤造成的果蔬采后损失达 25%～45%。苹果是我国栽培的重要果树种类，苹果的贮藏品质直接影响其商品价值。因此，在苹果贮藏保鲜中须适时测定苹果品质并掌握其变化规律，以便采取必要的技术措施，保持苹果的优良品质，获取最佳的经济效果。要想达到最佳的贮藏经济效益，必须从源头上进行严格把关，也就是说在入库苹果的品质上进行严格筛选，而实现这一目标的理想手段就是对果实进行无损检测。

灰色系统分析是我国学者邓聚龙教授于 20 世纪 80 年代前期提出的用于控制和预测的新理论，目前已广泛应用于农业和社会经济等领域，并取得了显著成就。与研究“随机不确定性”的概率统计和研究“认知不确定性”的模糊数学不同，灰色系统理论的研究对象是“部分信息已知、部分信息未知”的“小样本”“贫信息”不确定性系统。它通过对“部分”已知信息的生成、开发去了解、认识现实世界，实现对系统运行行为和演化规律的正确把握和描述。

正如本书前几章所述，机械损伤这类伤害大部分属于内伤，伤害在短时间内很难从外观上辨出，而如果将其与未受伤的水果一起贮藏或出售，必将造成伤害乃至病菌蔓延或腐烂加剧进而影响果农收入。因此，运用无损检测技术，在贮藏和销售前根据伤害程度对水果进行分选是非常重要的。在苹果果实电学参数和品质指标关系方面，Guo 等（2007）研究了苹果介电常数和介电损耗因子与可溶性固形物含量、硬度、水分含量和 pH 间的相关关系；王玲等（2009）研究了“嘎拉”苹果的复阻抗（Z）、并联等效电阻（R_p）、并联等效电感（L_p）和并联等效电容

（C_p）及电导率（σ）与可溶性固形物，可滴定酸和硬度间的关系，但他们并未在电学参数和生理参数这两者间建立相关模型，而且所研究的也仅仅是两者间的相关性。本书选用“富士”苹果 70cm 高处损伤的果实为试材，通过跟踪测定损伤后 0h、2h、4h、6h、8h、10h、12h、24h、36h 和 48h 后果实电参数值和品质指标的变化，并借助灰色关联系统，对苹果果实的电学特性和生理特性之间的关系进行进一步研究，期望通过果实的电学特性来对其生理特性进行评定和预测，并在它们之间建立一个理想模型，为生产实际中描述与预测苹果贮藏保鲜提供理论依据。

5.1　材料与处理

5.1.1　试验材料

样品采集及前处理同第 4 章。以 70cm 高处跌落的苹果为试材，不经跌落的果实为对照。分别在损伤后 0h（伤害后立即测定时间）、2h、4h、6h、8h、10h、12h、24h、36h 和 48h 测定标记果实各电学参数指标，各处理重复 3 次。

5.1.2　电学参数测定方法及选取

1. 电学参数的选取

根据第 2～4 章的研究，在模型的建立方面选择如下电学参数，复阻抗（Z）、阻抗相角（θ或 deg）、并联等效电容（C_p）、损耗系数（D）和并联等效阻抗（R_p），测定频率为筛选出的特征频率 10kHz。

2. 测定

测定方法参考第 2.1.4 小节。

3. 生理参数测定方法

生理参数选取呼吸强度（respiration intensity，RI）、乙烯释放速率

（ethylene release，文中简写为 ER）、可溶性固形物含量（SSC）、可滴定酸（TA）及硬度（firmness，文中简写为 F）作为建模需要的参数。各生理参数的测定方法见第 4 章。

5.1.3　数据处理

数据用 SAS（V8.0）和 DPS（7.05）统计软件进行分析。

5.2　结果与分析

测得整个试验周期苹果的电学特性指标和生理特性指标的结果如表 5-1 所示。

表 5-1　不同伤害期苹果特性指标的测量值

时间/h	电学参数					生理指标				
	Z/Ω	Deg/θ	C_p/F	D	R_p/F	RI/[μL/(kg·h)]	ER/[μL/(kg·h)]	SSC/%	TA/(g/L)	F/(kg/cm^2)
0	35179	−86.47	4.6E−10	0.063	529440	0.049	0.22	15.80	0.69	10.15
2	26947	−86.19	5.8E−10	0.066	434500	0.051	0.44	15.50	0.70	9.36
4	29916	−86.64	5.3E−10	0.057	558310	0.054	0.63	16.10	0.65	9.16
6	31423	−86.41	5.0E−10	0.062	551780	0.056	0.89	16.10	0.67	9.55
8	30268	−86.44	5.2E−10	0.060	540500	0.057	1.03	15.70	0.65	9.16
10	29510	−86.54	5.3E−10	0.060	528330	0.061	1.09	15.80	0.70	8.76
12	30219	−86.34	5.2E−10	0.063	503370	0.059	1.33	16.00	0.56	8.36
24	30761	−86.49	5.1E−10	0.060	543300	0.059	1.36	15.50	0.52	8.36
36	32719	−85.15	4.9E−10	0.086	369530	0.064	1.83	14.80	0.54	7.76
48	39434	−85.59	4.1E−10	0.079	479150	0.073	2.48	14.50	0.51	7.56

5.2.1　电学参数和生理参数的关联分析

分别选电学特性的 5 个指标（Z、deg、C_p、D 和 Rp）为参考数列，生理特性的 5 个指标（RI、ER、SSC、TA 和 F）为参比数列。为了消除各指标量纲上的差别，用参比数列 $\{x_i\}$ 与参考数列 $\{x_0\}$ 的原始有序数据列的第一个数据除以该数据列中的每一个数据，得到一个大于 0 的有序数列与之对应。根据处理后的数列求关联度，结果见表 5-2～表 5-6。

表 5-2 生理指标对复阻抗（Z）的关联度

	呼吸强度（RI）	乙烯释放速率（ER）	可溶性固形物（SSC）	可滴定酸（TA）	硬度（F）
关联度	0.7840	0.2974	0.8920	0.8876	0.9218
关联序	F>SSC>TA>RI>ER				

表 5-3 生理指标对阻抗相角（deg）的关联度

	呼吸强度（RI）	乙烯释放速率（ER）	可溶性固形物（SSC）	可滴定酸（TA）	硬度（F）
关联度	0.8512	0.3088	0.9801	0.9128	0.8925
关联序	SSC>TA>F>RI>ER				

表 5-4 生理指标对并联等效电容（C_p）的关联度

	呼吸强度（RI）	乙烯释放速率（ER）	可溶性固形物（SSC）	可滴定酸（TA）	硬度（F）
关联度	0.4977	0.2316	0.5452	0.5713	0.5788
关联序	F>TA>SSC>RI>ER				

表 5-5 生理指标对损耗系数（D）的关联度

	呼吸强度（RI）	乙烯释放速率（ER）	可溶性固形物（SSC）	可滴定酸（TA）	硬度（F）
关联度	0.8676	0.3053	0.9126	0.8820	0.8741
关联序	SSC>TA>F>RI>ER				

表 5-6 生理指标对并联等效阻抗（R_p）的关联度

	呼吸强度（RI）	乙烯释放速率（ER）	可溶性固形物（SSC）	可滴定酸（TA）	硬度（F）
关联度	0.8306	0.3064	0.9486	0.9054	0.9010
关联序	SSC>TA>F>RI>ER				

从表 5-2～表 5-6 可以看出，在各生理特性指标中，SSC 对果实的电学参数 deg、D 和 R_p 的影响最大，其后影响大小依次为 TA、F 和 RI，ER 对上述三个电学参数的影响最小。而对于电学参数 Z 和 C_p，对其影响最大参数的则为 F，影响程度最小的是 ER。就 Z 而言，其影响大小的顺序依次为 F、SSC、TA、RI 和 ER；对于 C_p，各生理参数对其影响大小的顺序则依次为 F、TA、SSC、RI 和 ER。

5.2.2 多因子动态变化模型

1. 生理特性指标对电学特性指标的影响

苹果为一多相各向异性的复杂介质，采收后仍然是一个“活”的、有生理机能的有机体，在流通和贮藏中仍然需要进行呼吸、蒸发等生理活动来维持其生命。大量研究证实，苹果属于呼吸跃变型果实，采收后的苹果，特别是采收后受到伤害的苹果，其品质变化是一个多因子的具有动态变化的过程，可用灰色系统理论多因子动态变化模型 GM（1，6）来描述生理特性与电学特性的关系。

（1）Z 与生理特性指标组成的多因子动态变化模型为

$$\begin{aligned}Z(t+1)=&(35179-1034003.44692\mathrm{RI}-6165.42728\mathrm{ER}\\&-3210.26970\mathrm{SSC}-3912240092\mathrm{TA}-591286629F)\\&\exp(-25t)+1034003.44692\mathrm{RI}+6165.42728\mathrm{ER}\\&+3210.26970\mathrm{SSC}+3912240092\mathrm{TA}+591286629F\end{aligned}\tag{5-1}$$

式中，t 为伤害时间（h），以下各式同。

模型检验精度的平均相对误差为 1.61%，小于 0.05，故模型比较理想。

（2）deg 与生理特性指标组成的多因子动态变化模型为

$$\begin{aligned}\deg(t+1)=&(-86.47-680.84854\mathrm{RI}-4.23468\mathrm{ER}\\&-3.00538\mathrm{SSC}-22.93645\mathrm{TA}-2.07107F)\\&\exp(-2.24075t)+680.84854\mathrm{RI}+4.23468\mathrm{ER}\\&+3.00538\mathrm{SSC}+22.93645\mathrm{TA}+2.07107F\end{aligned}\tag{5-2}$$

模型检验精度的平均相对误差为 0.55%，小于 0.01，故模型精度很高。

（3）C_p 与生理特性指标组成的多因子动态变化模型（因为原数据无法建模，所以对数据进行处理，全部取对数后求模型）为

$$\begin{aligned}C_\mathrm{p}(t+1)=&(-21.50145-4.02904\mathrm{RI}-0.29934\mathrm{ER}\\&-7.04157\mathrm{SSC}-2.64193\mathrm{TA}-5.57417F)\\&\exp(-2.36597t)+4.02904\mathrm{RI}+0.29934\mathrm{ER}\\&+7.04157\mathrm{SSC}+2.64193\mathrm{TA}+5.57417F\end{aligned}\tag{5-3}$$

模型检验精度的平均相对误差为 0.91%，小于 0.01，故模型精度很高。

（4）D 与生理特性指标组成的多因子动态变化模型为

$$\begin{aligned} D(t+1) = & (0.06300 - 4.53585\mathrm{RI} - 0.04026\mathrm{ER} \\ & -0.01261\mathrm{SSC} - 0.18773\mathrm{TA} - 0.01807F) \\ & \exp(-2.07686t) + 4.53585\mathrm{RI} + 0.04026\mathrm{ER} \\ & +0.01261\mathrm{SSC} + 0.18773\mathrm{TA} + 0.01807F \end{aligned} \tag{5-4}$$

模型检验精度的平均相对误差为-0.89%，小于 0.01，故模型精度很高。

（5）R_{p} 与生理特性指标组成的多因子动态变化模型

$$\begin{aligned} R_{\mathrm{p}}(t+1) = & (529440 - 241892904.195\mathrm{RI} - 3443525.63\mathrm{ER} \\ & -533305.47\mathrm{SSC} - 8523420.57\mathrm{TA} - 454892.387F) \\ & \exp(-0.289t) + 241892904.19463\mathrm{RI} + 3443525.63250\mathrm{ER} \\ & +533305.46709\mathrm{SSC} + 8523420.56804\mathrm{TA} + 454892.38798F \end{aligned} \tag{5-5}$$

模型检验精度的平均相对误差为-18.50%，大于 0.05，故模型精度很差。

式（5-1）～（5-5）动态描述了苹果各项生理特性指标与电学特性指标之间的关系以及各项生理特性对电学特性指标的影响。其中，R_{p} 与生理特性指标组成的多因子动态变化模型精度很差，Z 与生理特性指标组成的多因子动态变化模型比较理想，deg、C_{p} 和 D 与生理特性指标组成的多因子动态变化模型精度很高。

2. 用电学特性指标描述生理特性指标

既然生理特性的变化可以反映电学特性的变化，那么可用电学特性指标描述生理特性指标。

（1）用 Z 描述生理特性指标。

① 建立由 RI 和 Z 组成的 GM（1，2）模型：

$$\mathrm{RI}(t+1) = (0.04900 - 0.00000Z)\exp(-0.98877t) + 0.00000Z \tag{5-6}$$

模型检验精度的平均相对误差为-6.79%，大于 0.05，模型精度很差。

② 建立由 ER 和 Z 组成的 GM（1，2）模型：

$$ER(t+1)=(0.22000-0.00009Z)\exp(0.05733t)+0.00009Z \tag{5-7}$$

模型检验精度的平均相对误差为−60.86%，大于 0.05，模型精度很差。

③ 建立由 SSC 和 Z 组成的 GM（1，2）模型：

$$SSC(t+1)=(15.80000-0.00052Z)\exp(-1.63754t)+0.00052Z \tag{5-8}$$

模型检验精度的平均相对误差为−5.84%，大于 0.05，模型精度很差。

④ 建立由 TA 和 Z 组成的 GM（1，2）模型：

$$TA(t+1)=(0.69000-0.00003Z)\exp(-0.24108t)+0.00003Z \tag{5-9}$$

模型检验精度的平均相对误差为−51.13%，大于 0.05，模型精度很差。

⑤ 建立由 F 和 Z 组成的 GM（1，2）模型：

$$F(t+1)=(10.15000-0.00034Z)\exp(-0.56952t)+0.00034Z \tag{5-10}$$

模型检验精度的平均相对误差为−26.92%，大于 0.05，模型精度很差。

（2）用 deg 描述生理特性指标。

① 建立由 RI 和 deg 组成的 GM（1，2）模型：

$$RI(t+1)=(0.04900-0.00072\text{deg})\exp(-0.83486t)+0.00072\text{deg} \tag{5-11}$$

模型检验精度的平均相对误差为−7.46%，大于 0.05，模型精度很差。

② 建立由 ER 和 deg 组成的 GM（1，2）模型：

$$ER(t+1)=(22000-0.02410\text{deg})\exp(0.07207t)+0.02410\text{deg} \tag{5-12}$$

模型检验精度的平均相对误差为−57.52%，小于 0.05，模型精度很差。

③ 建立由 SSC 和 deg 组成的 GM（1，2）模型：

$$SSC(t+1)=(15.80000-0.18150\text{deg})\exp(-2.12842t)+0.18150\text{deg} \tag{5-13}$$

模型检验精度的平均相对误差为−0.56%，小于 0.01，模型精度很高。

④ 建立由 TA 和 deg 组成的 GM（1，2）模型：

$$TA(t+1)=(0.69000-0.00766\text{deg})\exp(-1.40479t)+0.00766\text{deg} \tag{5-14}$$

模型检验精度的平均相对误差为-9.38%，大于 0.05，模型精度很差。

⑤ 建立由 F 和 deg 组成的 GM（1，2）模型：

$$F(t+1)=(10.15000-0.10371\text{deg})\exp(-2.63185t)+0.10371\text{deg} \tag{5-15}$$

模型检验精度的平均相对误差为-2.32%，小于 0.05，模型比较理想。

（3）用 C_p 描述生理特性指标。

① 建立由 RI 和 C_p 组成的 GM（1，2）模型：

$$\text{RI}(t+1)=(0.04900-124317423.52235C_p)\exp(-0.69561t)+124317423.52235C_p \tag{5-16}$$

模型检验精度的平均相对误差为-9.38%，大于 0.05，模型精度很差。

② 建立由 ER 和 C_p 组成的 GM（1，2）模型：

$$\text{ER}(t+1)=(0.22000-3368980167.70200C_p)\exp(0.08179t)+3368980167.70200C_p \tag{5-17}$$

模型检验精度的平均相对误差为-54.94%，大于 0.05，模型精度很差。

③ 建立由 SSC 和 C_p 组成的 GM（1，2）模型：

$$\text{SSC}(t+1)=(15.80000-30733941520.83528C_p)\exp(-1.81247t)+30733941520.83528C_p \tag{5-18}$$

模型检验精度的平均相对误差为 0.37%，小于 0.01，模型精度很高。

④ 建立由 TA 和 C_p 组成的 GM（1，2）模型：

$$\text{TA}(t+1)=(0.69000-1232088419.47545C_p)\exp(-2.55471t)+1232088419.47545C_p \tag{5-19}$$

模型检验精度的平均相对误差为-1.91%，小于 0.05，模型比较理想。

⑤ 建立由 F 和 C_p 组成的 GM（1，2）模型：

$$F(t+1)=(10.15000-17204067590.16594C_p)\exp(-3.23524t)+17204067590.16594C_p \tag{5-20}$$

模型检验精度的平均相对误差为 1.12%，小于 0.05，模型比较理想。

（4）用 D 描述生理特性指标建立的 GM（1，2）模型精度都很差。

（5）用 R_p 描述生理特性指标。

① 建立由 RI 和 R_p 组成的 GM（1，2）模型：

$$\mathrm{RI}\ (t+1)=(0.04900-0.00000R_p)\exp(-0.65016t)+0.00000R_p \tag{5-21}$$

模型检验精度的平均相对误差为-10.61%，大于 0.05，模型精度很差。

② 建立由 ER 和 R_p 组成的 GM（1，2）模型：

$$\mathrm{ER}\ (t+1)=(0.22000-0.00000R_p)\exp(0.08465t)+0.00000R_p \tag{5-22}$$

模型检验精度的平均相对误差为-54.15%，大于 0.05，模型精度很差。

③ 建立由 SSC 和 R_p 组成的 GM（1，2）模型：

$$\mathrm{SSC}\ (t+1)=(15.80000-0.00003R_p)\exp(-1.77362t)+0.00003R_p \tag{5-23}$$

模型检验精度的平均相对误差为 0.26%，小于 0.01，模型精度很高。

④ 建立由 TA 和 R_p 组成的 GM（1，2）模型：

$$\mathrm{TA}\ (t+1)=(0.69000-0.00000R_p)\exp(-4.22451t)+0.00000R_p \tag{5-24}$$

模型检验精度的平均相对误差为 0.29%，小于 0.01，模型精度很高。

⑤ 建立由 F 和 R_p 组成的 GM（1，2）模型：

$$F(t+1)=(10.15000-0.00002R_p)\exp(-4.08305t)+0.00002R_p \tag{5-25}$$

模型检验精度的平均相对误差为 2.19%，小于 0.05，模型比较理想。

上述模型均为通过电学特性指标描述生理特性指标所建立的模型。从上述模型中可以得出，Z 和 D 与 5 个生理特性指标所建立的模型精度都比较差，deg、C_p 和 R_p 与 F 以及 C_p 与 TA 分别建立的模型比较理想，deg、C_p 和 R_p 与 SSC 以及 R_p 与 TA 分别建立的模型精度很高。

3. 苹果贮藏品质特性变化的预测模型

上述 GM（1，6）和 GM（1，2）模型可以描述苹果的电学特性和生理特性多因子动态变化的规律，但是每一时刻某一变量值均决定于其他变量在该时刻的值，如果其他变量的预测值没有求出，那么某一变量的预测值也不能求出，而 GM（1，1）主要是对时间序列数据进行数量大小的预测。由于苹果电学特性指标和生理特性指标均属于时间序列，可用 GM（1，1）模型来预测其变化规律。采用 12h（含 12h）以前的数据分别建立电学特性指标和生理特性指标的预测模型（李小昱和王为，2005）。

（1）Z 的预测模型（原始数据序列模型）为

$$Z(t+1)=2179647.988489e0.013104t+2144468.988489 \tag{5-26}$$

后验差检验 $C=0.5189$（一般），$P=0.6667$（不好）。

经两次残差拟合后，后验差检验后验比 $C=0.2635<0.35$，小误差概率 $P=1>0.95$，模型为

$$Z(t+1)=3187.324912e0.206281t+1324.088324 \tag{5-27}$$

由残差检验结果知，平均相对误差大于 0.05，故模型不可用。利用经两次残差修正后的序列模型预测后三个时间段 Z 的变化，预测结果如表 5-7。

表 5-7　Z 的预测值和实际值

伤害时间/h	预测值	实际值
24	43242.83840	30761
36	73305.64826	32719
48	161144.83559	39434

（2）deg 的预测模型（原始数据序列模型）为

$$\deg(t+1)=-544860.263959e0.000159t+544773.793959 \tag{5-28}$$

后验差检验 $C=1.0586$（不好），$P=0.3333$（不好）。

经两次残差拟合后，后验差检验后验比 $C=0.2880<0.35$，小误差概率 $P=1>0.95$，模型为

$$\deg(t+1)=-0.486807e-0.146487t+0.541737 \tag{5-29}$$

由残差检验结果知，平均相对误差小于 0.05，故模型可用。利用经两次残差修正后的序列模型预测后三个时间段 deg 的变化，预测结果如表 5-8。

表 5-8　deg 的预测值和实际值

伤害时间/h	预测值	实际值
24	−86.70409	−86.49
36	−86.79583	−85.15
48	−86.88159	−85.59

（3）C_p 的预测模型（原始数据序列模型）（对 C_p 值取对数）为

$$C_p(t+1) = -33972.690486\mathrm{e}0.000627t + 33951.189038 \tag{5-30}$$

后验差检验 C=0.6119（一般），P=0.6667（不好）。

经一次残差拟合后，后验差检验后验比 $C = 0.3249 < 0.35$，小误差概率 $P = 1 > 0.95$，模型为

$$C_p(t+1) = -0.262681\mathrm{e} - 0.474381t + 0.306459 \tag{5-31}$$

由残差检验结果知，平均相对误差小于 0.05，故模型可用。利用经一次残差修正后的序列模型预测后三个时间段 C_p 的变化，预测结果如表 5-9。

表 5-9　C_p 的预测值和实际值

伤害时间/h	预测值	实际值
24	−21.51425	−21.3920
36	−21.59575	−21.4333
48	−21.67707	−21.6187

（4）D 的预测模型（原始数据序列模型）为

$$D(t+1) = -16.236375\mathrm{e} - 0.003821t + 16.299375 \tag{5-32}$$

后验差检验 C=1.0435（不好），P=0.5000（不好）。

经两次残差拟合后，后验差检验后验比 $C = 0.2691 < 0.35$，小误差概率 $P = 1 > 0.95$，模型为

$$D(t+1) = -0.012713\mathrm{e} - 0.096438t + 0.013752 \tag{5-33}$$

由残差检验结果知，平均相对误差大于 0.05，故模型不可用。利用经两次残差修正后的序列模型预测后三个时间段 D 的变化，预测结果如表 5-10。

表 5-10　D 的预测值和实际值

伤害时间/h	预测值	实际值
24	0.05650	0.06
36	0.05496	0.086
48	0.05355	0.079

（5）R_p 的预测模型（原始数据序列模型）为

$$R_p(t+1)=39529857.156254\text{e}0.012649t+39000417.156254 \quad (5\text{-}34)$$

后验差检验 C=1.0342（不好），P=0.3333（不好）。

经三次残差拟合后，后验差检验后验比 $C=0.3101<0.35$，小误差概率 $P=1>0.95$，模型为

$$R_p(t+1)=67058746.031585\text{e}0.000220t+67020304.156349 \quad (5\text{-}35)$$

由残差检验结果知，平均相对误差大于 0.05，故模型不可用。利用经三次残差修正后的序列模型预测后三个时间段 R_p 的变化，预测结果如表 5-11。

表 5-11　R_p 的预测值和实际值

伤害时间/h	预测值	实际值
24	977095.49628	543300
36	2468653.3874	369530
48	8407880.01763	479150

从表 5-7～表 5-11 可看出，deg 和 C_p 经过残差修正后的模型比较理想，模型的预测值和实际值较为接近，而 Z、D 和 R_p 经原始数据序列所建模型及经过残差修正后的模型精度都很差，其模型的预测值和实际值也有较大差距。

（6）RI 的预测模型（原始数据序列模型）为

$$\text{RI}(t+1)=1.649387\text{e}0.031068t+1.600387 \quad (5\text{-}36)$$

后验差检验后验比 C =0.3111（很好）< 0.35，小误差概率 P =1（很好）>0.95。

由残差检验结果知，平均相对误差大于 0.05，故模型不可用。利用序列模型预测后三个时间段 RI 的变化，预测结果如表 5-12。

表 5-12　RI 的预测值和实际值

伤害时间/h	预测值	实际值
24	0.07325	0.059
36	0.08826	0.064
48	0.10635	0.073

（7）ER 的预测模型（原始数据序列模型）为

$$\text{ER}（t+1）= 2.754707\text{e}0.181707t + 2.534707 \qquad (5\text{-}37)$$

后验差检验后验比 C=0.2033（很好）< 0.35，小误差概率 P=1（很好）>0.95。

由残差检验结果知，平均相对误差大于 0.05，故模型不可用。利用序列模型预测后三个时间段 ER 的变化，预测结果如表 5-13。

表 5-13　ER 的预测值和实际值

伤害时间/h	预测值	实际值
24	4.05096	1.36
36	12.05156	1.83
48	35.85328	2.48

（8）SSC 的预测模型（原始数据序列模型）为

$$\text{SSC}（t+1）= 7323.533333\text{e}0.002153t + 7307.733333 \qquad (5\text{-}38)$$

后验差检验 C=1.0350（不好），P=0.3333（不好）。

经四次残差拟合后，后验差检验后验比 C = 0.2625< 0.35，小误差概率 P = 1 >0.95，模型为

$$\text{SSC}（t+1）= x(t+1) = 0.493765\text{e}0.112788t + 0.388332 \qquad (5\text{-}39)$$

由残差检验结果知，平均相对误差大于 0.05，故模型不可用。利用经四次残差修正后的序列模型预测后三个时间段 SSC 的变化，预测结果如表 5-14。

表 5-14　SSC 的预测值和实际值

伤害时间/h	预测值	实际值
24	17.65074	15.50
36	21.52678	14.80
48	31.95210	14.50

（9）TA 的预测模型（原始数据序列模型）为

$$\mathrm{TA}(t+1)=-28.866316\mathrm{e}-0.024391t+29.556316 \tag{5-40}$$

后验差检验 C=0.8442（不好），P=0.6667（不好）。

经两次残差拟合后，后验差检验后验比 C = 0.3478< 0. 35，小误差概率 P = 1 >0.95，模型为

$$\mathrm{TA}(t+1)=-0.495660\mathrm{e}-0.065323t+0.523388 \tag{5-41}$$

由残差检验结果知，平均相对误差大于 0.05，故模型不可用。利用经两次残差修正后的序列模型预测后三个时间段 TA 的变化，预测结果如表 5-15。

表 5-15　TA 的预测值和实际值

伤害时间/h	预测值	实际值
24	0.69086	0.52
36	1.29966	0.54
48	4.32451	0.51

（10）F 的预测模型（原始数据序列模型）为

$$F(t+1)=-28.866316\mathrm{e}-0.024391t+29.556316 \tag{5-42}$$

后验差检验 C=0.4377（好），P=0.8333（好）。

由残差检验结果知，平均相对误差大于 0.05，故模型不可用。利用原始数据序列模型预测后三个时间段 F 的变化，预测结果如表 5-16。

表 5-16　F 的预测值和实际值

伤害时间/h	预测值	实际值
24	7.61014	8.36
36	6.73253	7.76
48	5.95614	7.56

从表 5-12～表 5-16 可看出，RI、ER、SSC、TA 和 F 不论是经原始数据序列所建模型还是经过残差修正后的模型其后验差检验虽然后验比 C 均大于 0.35，小误差概率 P =1 也大于 0.95，但模型的预测值与实际值间均有较大差距，因而模型不可用。

本章研究结论有以下几点：

（1）灰色关联分析法的研究结果表明，苹果生理特性指标对电学特性指标有不同程度的影响与作用。在所测定的 5 个生理特性指标中，SSC 对果实的电学参数 deg、D 和 R_p 的影响最大，而对于电学参数 Z 和 C_p，对其影响最大的则为 F，ER 对所测的 5 个电学参数的影响程度最小。

（2）用灰色系统理论的 GM（1，6）模型建立了苹果品质多因子动态变化的数学模型。在所建模型中，C_p 与生理特性指标组成的多因子动态变化模型精度很差，Z 的多因子动态变化模型精度很高。

（3）用灰色系统理论的 GM（1，2）模型确定了苹果电学特性指标与生理特性指标之间的关系。研究结果表明，SSC 与电参数 deg、C_p 和 R_p 分别建立的模型精度很高，可以用 TSS 与 deg、SSC 与 C_p 以及 SSC 与 R_p 建立的动态模型去量化 SSC，同样也可以用 TA 与 R_p 间建立的动态模型去量化 TA。此外，F 分别与 deg、C_p 和 R_p 以及 TA 与 C_p 间建立的动态模型虽然精度不是很高，但经检验后模型还是比较理想，也可以应用。

（4）建立了灰色系统理论的预测模型 GM（1，1）。本书试图用该预测模型来预测机械损伤苹果电学特性和生理特性动态变化的规律，但结果表明，除 deg 和 C_p 经过残差修正后的模型比较理想，模型的预测值和实际值较为接近外，其他电参数和生理指标经原始数据序列所建模型及经过残差修正后的模型精度都很差，其模型的预测值和实际值也有较大差距，因而所建模型也不理想。

总之，从本书结果来看，用电学特性指标测定和预测苹果品质特性是可行的。电特性检测法具有设备简单、投资费用低、数据处理方便等特点，因而有一定的理论意义和实用价值。但电学特性与生理特性指标间的关系会不会因品种不同而发生变化，甚至是否会随苹果产地的不同而发生变化，尚需进一步试验。

第6章 枸杞鲜果电学特性检测研究

以枸杞鲜果为试材，对不同产区、不同品种枸杞生理特性进行研究，同时构建枸杞果实浆液的电学检测系统，将LCR检测仪检测范围拓宽至试验用所有果实。其研究成果如下：

（1）通过对枸杞果实14个电学参数的研究，遴选出能准确表征枸杞果实浆液电学特性的6个特征参数，分别是：复阻抗（Z）、并联等效电容（C_p）、并联等效电感（L_p）、并联等效阻抗（R_p）、电抗（X）和Q因子。

（2）通过对采自宁夏农科院枸杞研究所“宁杞1号”枸杞品种的研究，筛选出能表征枸杞青果期、变色期、绿熟期、黄熟期和红熟期五个发育阶段的电学参数，它们是C_p、L_p和Q因子，其最适检测电压为10V，辨识频率$f \leqslant 420\text{Hz}$。

（3）通过对对采自宁夏农科院枸杞研究所“宁杞1号”枸杞品种不同贮藏时间不同频率下枸杞果实浆液电物理特性的研究得出，对不同贮藏时间段枸杞果实浆液电物理特性进行研究的最适电压为10V，最适频率为420Hz。其中，利用Z和R_p在高频段（$f > 4200\text{Hz}$）可将枸杞果实进行区分，C_p在低频段（$f < 420\ \text{kHz}$）可将枸杞果实进行区分。该结果将为今后对枸杞干果新货和陈货的区分奠定一定的电物理学基础。

（4）通过对采自宁夏农科院枸杞研究所、中宁县舟塔乡、平罗县惠北乡和同心县下马关镇四个产区6年生“宁杞1号”枸杞品种电学特性研究发现，在420kHz下可用C_p区分四个产区的枸杞，在42000Hz～420000Hz可用X把四个产区的枸杞全部区分。

（5）通过对采自中宁县舟塔乡的“宁杞1号”“宁杞5号”“宁杞7号”和“小尖椒”4个枸杞品种电学特性研究发现，在频率$f \geqslant 420\text{kHz}$时，可用$C_p$和$L_p$将上述品种区别开。

（6）通过对枸杞发育阶段果实品质指标的研究发现，在不同时期，其果实的乙烯释放速率和呼吸强度明显不同，但各个时期未观测到明显的跃变高峰；在品质指标方面，青果期 pH、甜菜碱、总黄酮和维生素 C 含量最高，分别为 4.94、1.044mg/mL、0.846mg/mL 和 21mg/100mL；果实中可溶性蛋白含量在变色期最高，为 70.06mg/L；绿熟期果实水分含量和总酚含量最高，分别为 63.7%和 0.572mg/mL；黄熟期可滴定酸酸度最高，值为 5.284g/L；红熟期可溶性固形物含量和总糖含量最高，分别为 16.5%和 158g/L。

（7）通过对宁夏农科院枸杞研究所、中宁县舟塔乡、平罗县惠北乡三个产区 6 年生“宁杞 1 号”枸杞品种品质特性研究发现，三个产区枸杞的可溶性固形物、可溶性蛋白、总黄酮含量高低顺序为：园林场＞惠农＞中卫；可滴定酸、维生素 C 含量高低顺序为：惠农＞园林场＞中卫；总糖含量高低顺序为：园林场＞中卫＞惠农；总酚含量高低顺序为：惠农＞中卫＞园林场。

（8）通过对采自中宁县舟塔乡的“宁杞 1 号”“宁杞 5 号”“宁杞 7 号”和“小尖椒”4 个枸杞品种品质特性研究发现，其百粒重大小顺序为：“小尖椒”＞“宁杞 5 号”＞“宁杞 1 号”＞“宁杞 7 号”；总糖含量高低顺序为：“宁杞 5 号”＞“宁杞 1 号”＞“小尖椒”＞“宁杞 7 号”；可滴定酸含量高低顺序为：“宁杞 7 号”＞“小尖椒”＞“宁杞 1 号”＞“宁杞 5 号”；总酚含量高低顺序为：“宁杞 7 号”＞“宁杞 1 号”＞“小尖椒”＞“宁杞 5 号”；总黄酮含量高低顺序为：“宁杞 1 号”＞“宁杞 5 号”＞“宁杞 7 号”＞“小尖椒”；可溶性蛋白含量高低顺序为：“宁杞 1 号”＞“宁杞 7 号”＞“宁杞 5 号”＞“小尖椒”。

（9）枸杞鲜果在温度（4±1）℃，相对湿度为 80%～85%的冷藏条件下，其品质指标、部分抗氧化酶活性以及部分功能性成分的含量都在下降。到贮藏结束时（腐烂率≥50%），在品质指标中维生素 C 含量下降较快，其降幅高达 77.77%；抗氧化酶体系中苯丙氨酸解氨酶和超氧化物歧化酶降幅也较快，分别为 72.45%和 69.68%，超氧阴离子含量增加较快，其增幅高达 1460.54%；在部分各种功能性成分中可溶性蛋白降幅较大，高达 80.52%。

（10）对采自宁夏农科院枸杞研究所“宁杞 1 号”枸杞品种运用灰色关联分析法的研究结果表明，在所测定的 5 个品质特性指标中，对果实的电学参数 Z、L_p、R_p 和 X 影响程度大小的顺序均为：pH＞SSC＞TA 含量＞维生素 C 含量＞WLR*，但对 C_p 影响程度大小顺序则为：维生素 C 含量＞TA 含量＞SSC＞pH＞WLR；在所测定的 5 个电学特性指标中，对果实的品质参数 pH、SSC、TA 含量和维生素 C 含量影响程度大小的顺序均为：$C_p>L_p>X>R_p>Z$，但对 WLR 影响程度大小顺序则为：$Z>R_p>L_p>X>C_p$。

（11）用灰色系统理论建立了枸杞品质多因子动态变化 GM（1，6）数学模型。其中，Z、C_p、R_p 三个电学参数分别与 3 个品质参数建立的 GM（1，6）模型较为理想、pH、SSC、TA 3 个品质参数分别与 3 个电学参数建立的 GM（1，6）模型较为理想。

（12）用灰色系统理论在 pH 和 C_p 建立了 GM（1，2）模型。

（13）建立了灰色系统理论的预测模型 GM（1，1）。从研究结果可以看出，SSC 和 TA 的预测模型精度为一级，pH 和维生素 C 预测模型可靠，WLR 预测模型一般，而所有电参数的预测模型均不可靠。

* WLR，water loss rate，失水率。

第 7 章　结论、主要创新点及展望

7.1　结　　论

本书主要结论有以下几点：

（1）通过应用 LCR 电子测试仪对“富士”苹果 14 个电学参数的测定表明：复阻抗（Z）的倒数值与导纳（Y）值相等，即 $Z^{-1}=Y$；当测定频率大于 398Hz 时，其损耗系数（$\tan\delta$或 D）的倒数值约等于 Q 因子（Q），即 $D^{-1}\approx Q$（f>398Hz）；果实并联等效电感（L_p）、电抗（X）和 Z 之间存在着极显著的相关。对 LCR 测试仪的 14 个电学参数，只需检测如下 7 个电学参数：Z、阻抗相角（θ）、并联等效电容（C_p）、损耗系数（$\tan\delta$或 D）、并联等效阻抗（R_p）、电导（G）和电纳（B）。

（2）在 20℃恒温条件下贮藏 70d 的“富士”苹果红点病果实，随着频率（100Hz、1kHz、10kHz、100kHz 和 1MHz）的增加，病果和正常果的 Z、X 和 L_p 间差异均不显著（$P>0.05$），但两者的介电常数（ε'）和损耗因子（$\tan\delta$）差异显著（$P<0.05$）。$\tan\delta$和 ε' 基本可以反映水果的实际品质情况。

（3）“富士”苹果在（20±1）℃恒温贮藏的 29d 中，随着频率（100Hz～3.98MHz）的增加，虎皮病果实与正常果的各电参数变化趋势一致，参数 C_p 值间存在显著差异，可以用 C_p 来挑分感病果实。

（4）40cm 和 70cm 高处自由跌落至大理石地面上的苹果，在损伤后的 48h 中，40cm、70cm 处碰伤的果实与正常果，在 100Hz～3.98MHz 频率下，其 Z 和 C_p 随频率的增加差异明显，基本可以正确反映水果的伤害情况；碰伤果和正常果最佳区分的电参数频率为 10kHz。

（5）“富士”苹果在室温贮藏条件下不同高度（40cm 和 70cm）跌落碰伤处理 48h 内，JA 对伤害能做出快速应答，并可诱导果实内源 JA 含量迅速增加；LOX 活性、内源 ABA 含量和乙烯释放速率迅速升高，

NO 含量则呈下降趋势，但 ABA 出现高峰的时间要晚于 JA 高峰出现的时间；伤害刺激后 Eth 增长的幅度要远小于 JA 增长的幅度；游离态 SA、结合态 SA 以及总 SA 含量，都呈急速下降趋势，在很短的时间内降幅都超过了 70%；当 JA 含量出现高峰时，与之相对应的游离态 SA 含量正好处于低谷。

（6）用灰色系统的理论与方法，通过对苹果品质多因子动态变化之间的关系、影响与作用的研究，建立了苹果品质特性动态变化的数学模型。

① 在所测定的 5 个生理特性指标——呼吸速率（RI）、乙烯释放速率（ER）、可溶性固形物含量（SSC）、可滴定酸（TA）含量及硬度（F）中，SSC 对果实的电学参数 deg、D 和 R_p 的影响最大，而 F 对 Z 和 C_p 影响最大，ER 对所测的 5 个电学参数的影响程度最小。

② 在建立的 GM（1，6）模型中，Z 与生理特性指标组成的多因子动态变化模型比较理想，deg、C_p 和 D 与生理特性指标组成的多因子动态变化模型精度很高，R_p 与生理特性指标组成的多因子动态变化模型精度很差。

③ 在建立的 GM（1，2）模型中，SSC 与电参数 deg、C_p 和 R_p 分别建立的模型精度很高，可以用 SSC 与 deg、SSC 与 C_p 以及 SSC 与 R_p 建立的动态模型去量化 SSC，同样也可以用 TA 与 R_p 间建立的动态模型去量化 TA；F 分别与 deg、C_p 和 R_p 以及 TA 与 C_p 间建立的动态模型虽然精度不是很高，但经检验后模型还是比较理想，也可以应用。

④ 建立了 deg 和 C_p 灰色系统理论的预测模型 GM（1，1）。

7.2　主要创新点

本书主要创新点有以下几个方面：

（1）通过对 LCR 电子测试仪所测 14 个电学参数间的关系的系统分析，筛选出了可标志果实特性的 7 个重要参数，为后续研究简化了手续，节约了时间和成本。

（2）将 LCR 电子测试仪应用于苹果碰伤果实、果实红点病和虎皮病的研究，提出了将伤病果与正常果筛选的具体的电学参数和测试频率，建立了果实品质指标与电学特性之间的相关模型，为利用电特性进行无损检测伤病果实奠定了一定的理论基础，并为进一步研制开发果实品质的无损检测仪器提供一定依据。

（3）对损伤苹果 48h 内伤信号分子 JA 与其他内源激素间的关系提供了部分实验证据，对机械伤害防御机理研究具有科学意义。

7.3 展　望

鉴于电参数的测定具有快速、灵敏、成本低，且易于实现在线测定，其应用前景广阔。苹果品质指标的精确检测是一个逐步改进和完善的过程，在电特性和电特性与内在品质指标相关模型方面仍需要进行更多、更深入的研究，未来的研究应该包括：

（1）扩大 LCR 电子测试仪在果实病害、机械伤害、成熟度等预测上的应用研究；在电学参数和品质指标同步研究基础上，建立和完善数学模型，以期通过电学特性实现在线无损检测仪器开发和应用技术。

（2）对影响测试稳定性的一些环境因素如温度、湿度及果品的大小、测试频率等方面应该进行大量、反复的实验，为该技术走向商业应用提供理论基础。

（3）对水果损伤机理的研究上，本书仅仅从生理的角度上对五大信号分子间的关系进行了初步探讨，未来应该借助于分子生物学手段及模式植物对损伤差异蛋白及各信号分子间的关系进行更深入的研究，为早日揭示以 JA 为主导的伤信号途径贡献力量。

参考文献

包晓安, 张瑞林, 钟乐海. 2004. 基于人工神经网络与图像处理的苹果识别方法研究[J]. 农业工程学报, 20(3): 109-112.

蔡健荣, 汤明杰, 吕强, 等. 2009. 基于 siPLS 的猕猴桃糖度近红外光谱检测[J]. 食品科学, 30(4): 250-253.

陈华君, 张风娟, 任琴, 等. 2005. 植物材料中茉莉酸的提取、纯化及其定量方法的研究[J]. 分析测试学报, 24(S): 138-140.

陈绍军, 陈明木, 康彬彬, 等. 2004. 机械伤害对枇杷果实采后生理的影响[J]. 福建农林大学学报(自然科学版), 33(2): 250-253.

陈蔚辉, 彭惠琼. 2008. 机械损伤对橄榄采后品质及其生理的影响[J]. 食品科学, 29(1): 329-333.

陈小娜, 章程辉. 2009. 绿橙表面缺陷的计算机视觉分级技术[J]. 农机化研究, 10: 126-129.

陈育彦, 屠康, 柴丽月, 等. 2009. 基于激光图像分析的苹果表面损伤和内部腐烂检测[J]. 农业机械学报, 40(7): 133-137.

陈志远, 张继澍, 刘亚龙, 等. 2008. 番茄成熟度与其电学参数关系的研究[J]. 西北植物学报, 28(4): 826-830.

程水源, 陈昆松, 刘卫红, 等. 2003. 植物苯丙氨酸解氨酶基因的表达调控与研究展望[J]. 果树学报, 20: 351-357.

戴炜, 谷芳, 岳田利, 等. 2008. 损伤苹果微弱光特性的试验研究[J]. 农业工程学报, 24(7): 213-216.

邓继忠, 张泰岭. 2001. 水果检测中的边界追踪法[J]. 华南农业大学学报, 22(3): 80-82.

杜孟浩. 2004. 褐飞虱危害诱导的水稻挥发性互益素释放机制研究[D]. 杭州: 浙江大学博士学位论文.

冯斌, 汪懋华. 2002. 计算机视觉技术识别水果缺陷的一种新方法[J]. 中国农业大学学报, 7(4): 73-76.

冯斌, 汪懋华. 2003. 基于计算机视觉的水果大小检测方法[J]. 农业机械学报, 34(1): 73-75.

付兴虎. 2007. 苹果含糖量近红外检测系统的研究[D]. 秦皇岛: 燕山大学硕士学位论文.

宫长荣, 李艳梅, 杨立钧. 2003. 水分胁迫下离体烟叶中脂氧合酶活性、水杨酸与茉莉酸积累的关系[J]. 中国农业科学, 36(3): 269-272.

郭红利. 2004. 猕猴桃的电学特性与无损检测技术的研究[D]. 杨凌: 西北农林科技大学硕士学位论文.

郭文川. 2007. 果蔬介电特性研究综述[J]. 农业工程学报, 23(5): 284-289.

郭文川, 朱新华, 郭康权. 2001. 果品内在品质无损检测技术的研究进展[J]. 农业工程学报, 17(5): 1-5.

郭文川, 朱新华, 周闯鹏, 等. 2002. 西红柿成熟度与电特性关系的无损检测研究[J]. 农业现代化研究, 23(6): 458-460.

郭文川, 朱新华, 郭康权. 2005a. 采后苹果电特性与生理特性的关系及其应用[J]. 农业工程学报, 21(7): 136-139.

郭文川, 朱新华, 王转卫, 等. 2005b. 基于介电特性的果品种类识别试验[J]. 农业机械学报, 36(7): 158-160.

郭文川, 郭康权, 朱新华. 2006a. 介电特性在番茄和苹果品种识别中的应用[J]. 农业机械学报, 37(8): 130-132.

郭文川, 朱新华, 郭康权. 2006b. 损伤对苹果电参数值的影响[J]. 农业机械学报, 37(8): 133-135.

郭文川, 郭康权, 朱新华. 2006c. 介电特性在番茄和苹果品种识别中的应用[J]. 农业机械学报, 37(8): 130-132.

郭文川, 朱新华, 邹养军. 2007. 苹果果实成熟期间电特性的研究[J]. 农业工程学报, 23(11): 264-268.

韩东海. 1998. 用 X 射线自动检测柑橘皱皮的研究[J]. 农业机械学报, 29(4): 97-101.

韩东海, 刘新鑫, 赵丽丽, 等. 2003. 受损苹果颜色和组织的近红外光谱特性[J]. 农业机械学报, 34(6): 112-115.

韩东海, 刘新鑫, 赵丽丽, 等. 2004. 苹果水心病的光学无损检测[J]. 农业机械学报, 35(5): 143-146.

韩东海, 刘新鑫, 鲁超, 等. 2006. 苹果内部褪变的光学无损伤检测研究[J]. 农业机械学报, 37(6): 86-88.
韩平, 潘立刚, 马智宏, 等. 2009. X 射线无损检测技术在农产品品质评价中的应用[J]. 农机化研究, 10: 6-10.
何东健, 耿楠, 党革荣, 等. 2001. 用活动边界模型精确检测果实表面缺陷[J]. 农业工程学报, 17(5): 159-162.
何勇, 李晓丽. 2006. 用近红外光谱鉴别杨梅品种的研究[J]. 红外与毫米波学报, 25(3): 192-195.
侯建设, 席玙芳, 余挺, 等. 2002. 温度、机械伤和采收期对小白菜的采后生理的影响[J]. 食品与发酵工业, 28(10): 40-44.
胡桂仙, 王俊, 王小骊. 2005. 电子鼻无损检测柑橘成熟度的实验研究[J]. 食品与发酵工业, 31(8): 57-61.
胡小松, 肖华志, 王晓霞. 2004. 苹果α-法尼烯和共轭三烯含量变化与贮藏温度的关系[J]. 园艺学报, 31(2): 169-172.
胡小松, 闫师杰, 肖华志, 等. 2005. "AU"涂被处理对红星苹果果皮α-法尼烯和共轭三烯含量的影响[J]. 食品与发酵工业, 31(9): 100-102.
黄勇平, 章程辉, 刘静. 2008. 应用计算机视觉对芒果表面缺陷的判别研究[J]. 福建热作科技, 33(1): 4-6.
贾承国. 2009. 番茄中茉莉酸与其他激素信号的相互作用研究[D]. 杭州: 浙江大学博士学位论文.
贾虎森, 李德全. 2001. 水分胁迫下苹果叶片的 H_2O_2 代谢[J]. 植物生理学报, 27(4): 321-324.
柯大观, 张立彬, 胥芳. 2002. 基于介电特性的水果无损检测系统研究[J]. 浙江工业大学学报, 30(5): 446-450.
黎移新. 2009. 柑橘病虫害疤痕的计算机视觉识别[J]. 食品与机械, 25(3): 78-81.
李常保. 2006. 以番茄为模式研究植物对昆虫抗性反应的分子基础[D]. 泰安: 山东农业大学博士学位论文.
李朝东, 崔国贤, 盛畅, 等. 2009. 计算机视觉技术在农业领域的应用[J]. 农机化研究, 12: 228-232.
李春飞, 卢立新, 宋姝妹. 2007. 缓冲包装结构对箱装苹果振动损伤与动力学特性的影响[J]. 食品与生物技术学报, 26(3): 10-13.
李春立. 1998. 苯内氨酸解氨酶在色泽发育中的作用及其影响因素[J]. 河北林果研究, 13(4): 388-391.
李东华, 纪淑娟, 重滕和明. 2009. 果实成熟度对南果梨近红外无损检测技术模型的影响[J]. 食品科学, 30(12): 266-269.
李国婈, 周燮. 2002. 植物防御反应中水杨酸与茉莉酸的"对话"机制[J]. 细胞生物学杂志, 24(2): 101-105.
李劲, 萧浪涛, 蔺万煌. 2002. 植物内源茉莉酸类生长物质研究进展[J]. 湖南农业大学学报(自然科学版), 28(l): 79-84.
李小昱, 王为. 2005. 基于灰色系统理论用机械特性指标预测苹果贮藏品质特性[J]. 农业工程学报, 21(2): 1-6.
李晓娟, 孙诚, 黄利强, 等. 2007. 苹果碰撞损伤规律的研究[J]. 包装工程, 28(11): 44-46.
李晓丽, 胡兴越, 何勇. 2006. 基于主成分和多类判别分析的可见-红外光谱水蜜桃品种鉴别新方法[J]. 红外与毫米波学报, 25(6): 417-420.
李英, 宋景玲, 韩秋燕. 2007. 桃子电特性与内部品质指标关系的研究[J]. 农机化研究, 8: 123-124.
栗震霄. 2000. 当归电物理特性与其生理活性关系的试验研究[J]. 甘肃农业大学学报, 35(1): 33-37.
吝凯, 王维新. 2010. 果品的冲击损伤研究现状及发展趋势[J]. 农机化研究, 1: 233-235.
刘国敏, 邹猛, 刘木华, 等. 2008. 脐橙外部品质计算机视觉检测技术初步研究[J]. 中国农业科技导报, 10(4): 100-104.
刘卫红, 程水源. 2003. 光照及机械损伤对银杏叶苯丙氨酸解氨酶活性的影响[J]. 湖北农业科学, 3: 73-75.
刘新, 石武良, 张蜀秋, 等. 2005. 一氧化氮参与茉莉酸诱导蚕豆气孔关闭的信号转导[J]. 科学通报, 50(5): 453-458.
刘艳, 黄卫东, 战吉成, 等. 2004. 机械伤害和外源茉莉酸诱导豌豆幼苗 H_2O_2 系统性产生[J]. 中国科学 C 辑: 生命科学, 34(6): 501-509.
刘艳, 潘秋红, 战吉宬, 等. 2008. 豌豆叶片内源水杨酸和茉莉酸类物质对机械伤的响应[J]. 中国农业科学, 41(3): 808-815.
刘燕德, 罗吉, 陈兴苗. 2008. 可见/近红外光谱的南丰蜜桔可溶性固形物含量定量分析[J]. 红外与毫米波学报, 27(2): 119-122.
刘迎雪, 卢立新. 2007. 振动对小番茄生理特性的影响[J]. 包装工程, 28(6): 20-21.
卢立新. 2008. 跌落冲击损伤条件下的果实非线性黏弹性流变模型[J]. 食品与生物技术学报, 27(4): 1-5.
卢立新. 2009. 跌落冲击下果实动态力学模型[J]. 工程力学, 26(4): 228-233.
卢立新, 王志伟. 2004. 果品运输中的机械损伤机理及减损包装研究进展[J]. 包装工程, 25(4): 131-134.
卢立新, 王志伟. 2007a. 多层苹果刚性跌落冲击模型与冲击响应研究[J]. 包装工程, 28(3): 27-29.
卢立新, 王志伟. 2007b. 苹果跌落冲击力学特性研究[J]. 农业工程学报, 23(2): 254-258.
卢立新, 王志伟. 2007c. 跌落冲击下果实动态本构模型的构建与表征[J]. 农业工程学报, 23(4): 238-241.
马广, 傅霞萍, 周莹, 等. 2007. 大白桃糖度的近红外漫反射光谱无损检测试验研究[J]. 光谱学与光谱分析, 27(5): 907-910.
马海军, 宋长冰, 张继澍, 等. 2009. 电激励信号频率对红点病病果采后电学特性的影响[J]. 农业机械学报, 40(10): 97-101.
马海军, 2010. 用电学参数标志苹果采后病害和机械损伤响应机制的研究[D]. 杨凌: 西北农林科技大学博士学位论文.
马海军, 冯美, 张继澍. 2010. 100Hz～3.98MHz 下苹果虎皮病果实电特性研究[J]. 农业机械学报, 41(11): 105-109.
马海军, 郑彩霞, 李猛, 等. 2010. 碰伤富士苹果果实内源茉莉酸和主要保护酶活性的变化[J]. 西北植物学报, 30(10): 2002-2009.
马海军. 2011. 水果品质近红外检测技术研究进展[J]. 农业科学研究, 32(2): 72-76.
莫润阳. 2004. 无损检测技术在水果品质评价中的应用[J]. 物理, 33(11): 848-851.
莫润阳, 王公正, 刘丽丽. 2007. 苹果在储藏过程中物理特性的变化[J]. 西北农林科技大学学报(自然科学版), 35(10): 49-54.
潘立刚, 张缙, 陆安祥, 等. 2008. 农产品质量无损检测技术研究进展与应用[J]. 农业工程学报(增刊), 24(2): 325-330.
潘秀娟, 屠康. 2004. 用冲击共振法无损检测梨采后质地的变化[J]. 南京农业大学学报, 27(2): 94-98.
潘胤飞, 赵杰文, 邹小波, 等. 2004. 电子鼻技术在苹果质量评定中的应用[J]. 农机化研究, 3: 179-182.
潘永贵, 施瑞城. 2000. 采后果蔬受机械伤害的生理生化反应[J]. 植物生理学通讯, 36(6): 568-572.
乔斌, 王春光. 2009. 基于聚类遗传算法的损伤苹果切片图像分割方法[J]. 自动化技术与应用, 28(7): 5-7.
任琴, 杨莉, 胡永建, 等. 2006. 受害马尾松针叶内脱落酸含量的变化[J]. 北京林业大学学报, 28(5): 99-101.
申琳, 生吉萍, 罗云波. 1999. 运输中的机械损伤对贮藏初期苹果活性氧代谢的影响[J]. 中国农业大学学报, 4(5): 107-110.
孙清鹏. 2003. Ca^{2+}/CaM 在拟南芥茉莉酸信号通路中的作用[D]. 广州: 华南师范大学博士学位论文.
孙旭东, 王加华, 皮付伟, 等. 2007. 基于 X 射线图像的苹果体积在线快速测算[J]. 光学学报, 27(11): 2096-2100.
唐文, 吴颖, 刘玉仙. 2009. 冷冲击处理对鲜切青椒贮藏品质的影响[J]. 长江蔬菜(学术版), 22: 37-40.
唐月明, 王俊. 2006. 电子鼻技术在食品检测中的应用[J]. 农机化研究, 10: 169-172.

王丰, 云兴福, 李蕾. 2009. 机械损伤对黄瓜幼苗体内苯丙氨酸解氨酶和几丁质酶活性的影响[J]. 内蒙古农业大学学报, 30(1): 36-40.

王冬良, 陈有根, 朱世东. 2005. 植物抗病中的信号分子研究[J]. 中国农学通报, 21(12): 77-82.

王颉, 郗超航, 李英军, 等. 2008. 机械损伤果实 CT 值变化规律研究[J]. 农业工程学报(增刊), 24(2): 18-21.

王玲, 黄森, 张继澍, 等. 2009. ‘嘎拉’苹果果实品质的电学特性研究[J]. 西北植物学报, 29(2): 402-407.

王瑞庆, 张继澍, 马书尚. 2009. 基于电学参数的货架期红巴梨无损检测[J]. 农业工程学报, 25(4): 243-247.

王霞, 周国鑫, 向才玉, 等. 2007. β-葡萄糖苷酶处理与褐飞虱为害激活水稻类似的信号转导途径[J]. 科学通报, 52(24): 2852-2856.

王艳颖, 胡文忠, 庞坤. 2007a. 机械损伤对富士苹果抗氧化酶活性的影响[J]. 食品与发酵工业, 23(5): 26-30.

王艳颖, 胡文忠, 庞坤, 等. 2007b. 机械损伤对富士苹果生理生化变化的影响[J]. 食品与发酵工业, 33(7): 58-62.

王艳颖, 胡文忠, 庞坤, 等. 2008a. 机械损伤对富士苹果采后软化生理的影响[J]. 食品研究与开发, 29(5): 132-136.

王艳颖, 胡文忠, 庞坤, 等. 2008b. 机械损伤对富士苹果酶促褐变的影响[J]. 食品科学, 29(4): 430-434.

吴桂本, 王英姿, 王培松, 等. 2003. 套袋红富士苹果斑点类病害及其病原菌鉴定[J]. 中国果树, (3): 6-8.

吴劲松, 种康. 2002. 茉莉酸作用的分子生物学研究[J]. 植物学通报, 19(2): 164-170.

夏俊芳, 李小昱, 李培武, 等. 2007a. 基于小波变换的柑橘维生素 C 含量近红外光谱无损检测方法[J]. 农业工程学报, 23(6): 170-174.

夏俊芳, 李培武, 李小昱, 等. 2007b. 不同预处理对近红外光谱检测脐橙 VC 含量的影响[J]. 农业机械学报, 38(6): 107-111.

胥芳, 张立彬, 周国君, 等. 1997. 无损检测桃子电特性的试验研究[J]. 农业工程学报, 13(1): 202-205.

胥芳, 张立彬, 计时鸣, 等. 2001. 基于介电特性的水果品质无损检测方法研究[J]. 浙江工业大学学报, 29(3): 230-234.

胥芳, 计时鸣, 张立彬, 等. 2002. 水果电特性的无损检测在水果分选中的应用[J]. 农业机械学报, 33(2): 53-56.

徐澍敏, 于勇, 王俊. 2006. 机械损伤苹果 CT 值的试验研究[J]. 农业机械学报, 37(6): 83-85.

徐伟, 严善春. 2005. 茉莉酸在植物诱导防御中的作用[J]. 生态学报, 25(8): 2074-2081.

杨迪, 李庆, 胡增辉, 等. 2003. 损伤与邻近健康复叶槭植株内脱落酸和茉莉酸含量变化[J]. 北京林业大学学报, 25(4): 35-38.

叶齐政, 姚宏霖, 李黎, 等. 1999. 根据水果阻抗的特性频率变化测定采后水果成熟度的方法[J]. 植物生理学通讯, 35(4): 304-307.

应义斌, 景寒松, 马俊福, 等. 2000. 黄花梨品质检测机器视觉系统[J]. 农业机械学报, 31(2): 113-115.

于勇, 王俊, 周鸣. 2003. 电子鼻技术的研究进展及其在农产品加工中的应用[J]. 浙江大学学报(农业与生命科学版), 29(5): 579-584.

虞佳佳, 何勇, 鲍一丹. 2008. 基于光谱技术的芒果糖度酸度无损检测方法研究[J]. 光谱学与光谱分析, 28(12): 2839-2842.

苑克俊, 刘庆忠, 李勃, 等. 2007. 苹果α-法尼烯合酶基因组结构和序列的多态性分析[J]. 园艺学报, 34(4): 1003-1006.

张雯, 沈应柏, 沈瑗瑗. 2007. 机械损伤对复叶槭叶片过氧化氢含量的影响[J]. 林业科学研究, 20(1): 125-129.

张长河, 梅兴国, 余龙江. 2000. 茉莉酸与植物抗性相关基因的表达[J]. 生命的化学, 20(3): 118-120.

张海东, 赵杰文, 刘木华. 2005. 基于正交信号校正和偏最小二乘(OSC/PLS)的苹果糖度近红外检测[J]. 食品科学, 26(6): 189-192.

张海东, 赵杰文, 刘木华. 2006. 基于混合线性分析的苹果糖度近红外光谱检测[J]. 农业机械学报, 37(4): 149-151.

张继澍. 2006. 植物生理学[M]. 北京: 高等教育出版社: 429.

张可文, 安钰, 胡增辉, 等. 2005. 脂氧合酶、脱落酸与茉莉酸在合作杨损伤信号传递中的相互关系[J]. 林业科学研究, 18(3): 300-304.

张李娴, 郭红利. 2006. 交变电场对猕猴桃介电特性影响的试验研究[J]. 农机化研究, 11: 96-99.

张立彬, 胥芳, 周国君, 等. 1996. 苹果的介电特性与新鲜度的关系研究[J]. 农业工程学报, 12(3): 186-190.

张立彬, 胥芳, 贾灿纯, 等. 2000. 苹果内部品质的电特性无损检测研究[J]. 农业工程学报, 16(3): 104-106.

张立彬, 胡海根, 计时鸣, 等. 2005. 果蔬产品品质无损检测技术的研究进展[J]. 农业工程学报, 21(4): 176-180.

张淑娟, 王凤花, 张海红, 等. 2009. 鲜枣品种和可溶性固形物含量近红外光谱检测[J]. 农业机械学报, 40(4): 139-142.

张索非, 陈斌, 褚静. 2007. 基于声学特性的苹果无损检测方法[J]. 现代仪器, 2: 11-14.

张泰岭, 邓继忠. 1999. 应用计算机视觉技术对梨碰压伤的检测[J]. 农业工程学报, 15(1): 205-209.

章程辉, 王群. 2005. X 射线图像处理技术对红毛丹内部品质的检测[J]. 热带作物学报, 26(1): 103-108.

章程辉, 刘木华, 王群. 2005. 红毛丹色泽品质的计算机视觉分级技术研究[J]. 农业工程学报, 21(11): 108-111.

章程辉, 刘木华, 韩东海. 2006a. 红毛丹外形尺寸的图像处理技术研究[J]. 江西农业大学学报, 28(2): 300-304.

章程辉, 徐志, 韩东海. 2006b. 红毛丹组织 X 射线衰减系数与其密度的相关性[J]. 热带作物学报, 27(3): 94-96.

赵静, 何东健. 2001. 果实形状的计算机识别方法研究[J]. 农业工程学报, 17(2): 165-167.

赵杰文, 刘剑华, 陈全胜. 2008. 利用高光谱图像技术检测水果轻微损伤[J]. 农业机械学报, 39(1): 106-109.

赵志华, 蔡健荣, 赵杰文, 等. 2004. SUSAN 算子在苹果图像缺陷分割中的应用研究[J]. 计算机工程, 30(5): 141-142.

周亦斌. 2005. 基于电子鼻的西红柿与黄酒的检测与评价研究[D]. 杭州: 浙江大学硕士学位论文.

周永洪, 黄森, 张继澍, 等. 2008. 火柿果实采后电学特性研究[J]. 西北农林科技大学学报(自然科学版), 36(4): 117-122.

周永洪. 2008. 柿果实电学特性和 1-MCP 对脱涩柿果生理效应的研究[D]. 杨凌: 西北农林科技大学硕士学位论文.

朱克花, 杨震峰, 陆胜民, 等. 2009. 臭氧处理对黄花梨果实贮藏品质和生理的影响[J]. 中国农业科学, 42(12): 4315-4323.

朱新华, 郭文川, 郭康权. 2004. 电激励信号对果品电参数的影响[J]. 西北农林科技大学学报(自然科学版), 2(11): 125-128.

邹小波, 赵杰文. 2006. 电子鼻数据的预处理技术与应用[J]. 农业机械学报, 37(5): 83-86.

Aboul-Soud M A M, El-Shemy H A. 2009. Identification and subcellular localisation of Sl; INT7: A novel tomato(*Solanum lycopersicum* Mill.) fruit ripening related and stress inducible gene[J]. Plant Science, 176: 241-247.

Acican T, Alibas K, Ozelkok I S. 2007. Mechanical Damage to Apples during Transport in Wooden Crates[J]. Biosystems Engineering, 96(2): 239-248.

Ahmed J, Ramaswamy H S, Raghavan G S V. 2007. Dielectric properties of Indian basmati rice flour slurry[J]. Journal of Food Engineering, 80: 1125-1133.

Ahn T, Paliyath G, Murr D P. 2007. Antioxidant enzyme activities in apple varieties and resistance to superficial scald development[J]. Food Research International, 40: 1012-1019.

Baldwin I T, Schmelz E A, Ohnmeiss T E. 1994. Wound induced changes in root and shoot jasmonic acid pools correlate with induced nicotine synthesis in Nicotiana sylvestris[J]. Journal of Chemical Ecology, 20: 2139-2157.

Baldwin I T, Zhang Z P, Diab N. 1997. Quantification correlations and Manipulations of wound induced changes in jasmonic acid and nicotine in Nicotiana sylvestris[J]. Planta, 201: 397-404.

Barcelon E G, Tojo S, Watanabe K. 1999. X-ray computed tomography for internal quality evaluation of peaches[J]. J Agric Engng Res, 73: 323-330.

Batoo K M, Kumar S, Lee C G, et al. 2009. Influence of Al doping on electrical properties of Ni-Cd nano ferrites[J]. Current Applied Physics, 9(4): 826-832.

Bauchot A D, Harker F R, Arnold W M. 2000. The use of electrical impedance spectroscopy to assess the physiological condition of Kiwifruit[J]. Postharvest Biological Technology, 18: 9-18.

Bechar A, Mizrach A, Barreiro P, et al. 2005. Determination of Mealiness in Apples using Ultrasonic Measurements[J]. Biosystems Engineering, 91(3): 329-334.

Belie N De, Schotte S, Lammertyn J, et al. 2000. Firmness changes of pear fruit before and after harvest with the acoustic impulse response technique[J]. Journal of Agricultural Engineering Research, 77(2): 183-191.

Bell E, Mullet J E. 1991. Lipoxygenase gene expression is modulated in plants by water deficit, wounding, and methyljasmonate[J]. Molecular & General Genetics Mgg, 230: 456-462.

Benedetti S, Buratti S, Spinardi A, et al. 2008. Electronic nose as a non-destructive tool to characterise peach cultivars and to monitor their ripening stage during shelf-life[J]. Postharvest Biology and Technology, 47: 181-188.

Bennedsen B S, Peterson D L. 2005. Performance of a system for apple surface defect identification in near-infrared images[J]. Biosystems Engineering, 90: 419-431.

Birkenmeier G F, Ryan C A. 1998. Wound signaling in tomato plants. Evidence that ABA is not a primary signal for defense gene activation[J]. Plant Physiology, 117(2): 687-693.

Blanco F A, Zanetti1M E, Casalongué C A, et al. 2006. Molecular characterization of a potato MAP kinase transcriptionally regulated by multiple environmental stresses[J]. Plant Physiology and Biochemistry, 44: 315-322.

Blasco J, Aleixos N, Moltó E. 2003. Machine vision system for automatic quality grading of fruit[J]. Biosystems Engineering, 85(4): 415-423.

Blasco J, Aleixos N, Gómez J, et al. 2007a. Citrus sorting by identification of the most common defects using multispectral computer vision[J]. Journal of Food Engineering, 83: 384-393.

Blasco J, Aleixos N, Moltó E. 2007b. Computer vision detection of peel defects in citrus by means of a region oriented segmentation algorithm[J]. Journal of Food Engineering, 81: 535-543.

Blasco J, Aleixos N, Sanchıís J G, et al. 2009a. Recognition and classification of external skin damage in citrus fruits using multispectral data and morphological features[J]. Biosystemsengineering, 103: 137-145.

Blasco J, Cubero S, Sanchís J G, et al. 2009b. Development of a machine for the automatic sorting of pomegranate(*Punica granatum*) arils based on computer vision[J]. Journal of Food: 27-34.

Blasco J, Aleixos N, Cubero S, et al. 2009c. Automatic sorting of satsuma(*Citrus unshiu*) segments using computer vision and morphological features[J]. Computers and Electronics in Agriculture, 66: 1-8.

Blechert S, Bockelmann C, Fublein M, et al. 1999. Structure-activity analyses reveal the existence of two separate groups of active octadecanoids in elicitation of the tendril-coiling response of *Bryonia dioica* Jacq[J]. Planta, 207: 470-479.

Bleecker A B, Kende H. 2000. Ethylene: a gaseous signal molecule in plants[J]. Annual Review of cell & Developmental Bidogy, 16: 1-18.

Brezmes J, Llobet E, Vilanova X, et al. 2000. Fruit ripeness monitoring using an electronic nose[J]. Sensors and Actuators, B 69: 223-229.

Brezmes J, Llobet E, Vilanova X, et al. 2001. Correlation between electronic nose signals and fruit quality indicators on shelf-life measurements with pink lady apples[J]. Sensors and Actuators, B 80: 41-50.

Bureau S, Ruiz D, Reich M, et al. 2009. Rapid and non-destructive analysis of apricot fruit quality using FT-near-infrared spectroscopy[J]. Food Chemistry, 113: 1323-1328.

Camarena F, Martínez M J A. 2006. Potential of ultrasound to evaluate turgidity and hydration of the orange peel[J]. Journal of Food Engineering, 75: 503-507.

Camps C, Christen D. 2009. Non-destructive assessment of apricot fruit quality by portable visible-near infrared spectroscopy[J]. LWT-Food Science and Technology, 42: 1125-1131.

Casaretto A J, Zuniga G E, Corcuera L J. 2004. Abscisic acid and jasmonic acid affect proteinase inhibitor activities in barley leaves[J]. Journal of Plant Physiology, (4): 389-396.

Chen Y Z, Wang Y R. 1989. A study on peroxidase in litchi pericarp[J]. Acta Botanica Austro Sinica, 5: 47-52.

Chen H, Baerdemaeker J D. 1995. Optimization of impact parameters for reliable excitation of apple during firmness monitoring[J]. J agric Engng Res, 61: 275-282.

Chen P, Ruiz A M, Barreiro P. 1996. Effects of impacting mass on firmness sensing of fruits[J]. Transactions of the ASAE, 39(3): 1019-1023.

Chen H, McCaig B C, Melotto M, et al. 2004. Regulation of plant arginase by wounding, jasmonate and phytotoxin coronatine[J]. J Biol Chem, 279: 45998-46007.

Chen J Y, He L H, Jiang Y M, et al. 2006a. Expression of PAL and HSPs in fresh-cut banana fruit[J]. Environmental and Experimental Botany, 66: 31-37.

Chen J Y, Wen P F, Kong W F, et al. 2006b. Effect of salicylic acid on phenylpropanoids and phenylalanine ammonialyase in harvested grape berries[J]. Postharvest Biology and Technology, 40: 64-72.

Cheong Y H, Chang H S, Gupta R, et al. 2002. Transcriptional profiling reveals novel interactions between wounding, pathogen, abiotic stress, and hormonal responses in Arabidopsis[J]. Plant Physiology, 129: 661-677.

Ciampa A, Teresa D A M, Masetti O, et al. 2010. Seasonal chemical physical changes of PGI pachino cherry tomatoes detected by magnetic resonance imaging(MRI)[J]. Food Chemistry, 122(4): 1253-1260.

Clarke J D, Volko S M, Ledford H, et al. 2000. Roles of salicylic acid, jasmonic acid, and ethylene in cpr-induced resistance in Arabidopsis[J]. Plant Cell, 12: 2175-2190.

Cohen Y, Gisi U, Niderman T. 1993. Local and systemic protection against phytophthora in festans induced in potato and tomato plants by jasmonic acid and jasmonic methylester[J]. Phytopanthology, 83: 1054-1062.

Cortés H P, Prat S, Atzorn R. 1996. Abscisic acid-deficient plants do not accumulate proteinase inhibitor Ⅱ following system in treatment[J]. Planta, 198: 447-451.

Creelmn RA, Mulent J E. 1995. Jasmonic acid distribution and action in plants: Regulation during development and response to biotic and abiotic stress[J]. Proceedings of the National Academy of Sciences of the USA, 92: 4114-4119.

Creelman R A, Mullet J E. 1997. Biosynthesis and action of jasmonates in plants[J]. Annu Rev Plant Physiol Plant Mol Biol, 48: 355-381.

Dahl C C V, Baldwin I T. 2007. Deciphering the role of ethylene in plant herbivore interactions[J]. J Plant Growth Regul, 26: 201-209.

Damez J L, Clerjon S, Abouelkaram S, et al. 2007. Dielectric behavior of beef meat in the 1-1500 kHz range: Simulation with the Fricke/Cole-Cole model[J]. Meat Science, 77: 512-519.

David W P, Cliff J S, Nigel H B, et al. 1996. Rapid assessment of the susceptibility of apples to bruising[J]. Journal of Agricultural Engineering Research, 64: 37-48.

David W, Jorg D, Daniel F K. 2004. Nitric oxide: a new player in plant signalling and defence responses[J]. Current Opinion in Plant Biology, 7: 449-455.

De Vos M, Van Oosten V R, Van Poecke R M, et al. 2005. Signal signature and transcriptome changes of Arabidopsis during pathogen and insect attack[J]. Mol Plant Microbe Interact, 18: 923-937.

Defilippi B G W, Juan S, Valdés H, et al. 2010. The aroma development during storage of Castlebrite apricots as evaluated by gas chromatography, electronic nose, and sensory analysis[J]. Postharvest Biology and Technology, 51: 212-219.

Delker C, Stenzel I, Hause B, et al. 2006. Jasmonate biosynthesis in Arabidopsis thaliana-enzymes, products, regulation[J]. Plant Biology, 8: 297-306.

Delker C, Zolman B K, Miersch O, et al. 2007. Jasmonate biosynthesis in Arabidopsis thaliana requires peroxisomal beta-oxidation enzymes-Additional proof by properties of pex6 and aim1[J]. Phytochemistry, 68: 1642-1650.

Delledonne M, Xia Y, Dixon R A, et al. 1998. Nitric oxide functions as a signal in plant disease resistance[J]. Nature, 394: 585-588.

Diallinas G, Kanellis A K. 1994. A phenylalanine ammonia-lyase gene from melon fruit: cDNA cloning, sequence and expression in response to development and wounding[J]. Plant Molecular Biology, 26(1): 473-479.

Doan A T, Ervin G, Felton G. 2004. Temporal effects on jasmonate induction of anti-herbivore defense in Physalis angulata: seasonal and ontogenetic gradients[J]. Biochemical Systematics and Ecology, 32(2): 117-126.

Doares S H, Narvaez V J, Conconin A, et al. 1995. Salicylic acid inhibits synthesis of proteinase inhibitors in tomato leaves induced by systemin and jasmonic acid[J]. Plant Physiology, 108: 1741-1746.

Dugardeyn J, Straeten D V D. 2008. Ethylene: Fine-tuning plant growth and development by stimulation and inhibition of elongation[J]. Plant Science, 175: 59-70.

Ecker J R. 1995. The ethylene signal transduction pathway in plants[J]. Science, 268: 667-675.

ElMasry G, Wang N, Vigneault C, et al. 2008. Early detection of apple bruises on different background colors using hyperspectral imaging[J]. LWT, 41: 337-345.

Emongor V E, Murr D P, Lougheed E C. 1994. Preharvest factors that predispose apples to superficial scald[J]. Postharvest Biology and Technology, 4: 289-300.

Esparza M E M, Navarrete N M, Chiralt A, et al. 2006. Dielectric behavior of apple(var. Granny Smith)at different moisture contents effect of vacuum impregnation[J]. Journal of Food Engineering, 77: 51-56.

Everard C D, Fagan C C, O'Donnell C P, et al. 2006. Dielectric properties of process cheese from 0.3 to 3 GHz[J]. Journal of Food Engineering, 75: 415-422.

Farmer E E, Ryan C A. 1992. Octadecanoid precursors of jasmonic acid activate the synthesis of wound-inducible proteinase inhibitors[J]. Plant Cell, 4: 129-134.

Farmer E E, Weber H, Vollenweider S. 1998. Fatty acid signaling in arabidopsis[J]. Planta, 206: 167-174.

Finkelstein R R, Gampala S S, Rock C D. 2002. Abscisic acid signaling in seeds and seedlings[J]. Plant Cell, 14: S15-S45.

Funebo T, Ohlsson T. 1999. Dielectric properties of fruits and vegetables as a function of temperature and moisture content[J]. Journal of Microwave Power and Electro magnetic Energy, 34(1): 42-54.

Gidda K S, Miersch O, Schmidt J, et al. 2003. Biochemical and molecular characterization of a hydroxyl-jasmonate sulfotransferase from Arabidopsis thaliana[J]. Journal of Biological Chemistry, 278: 17895-17900.

Gilliver S C, Ashworth J J, Mills S J, et al. 2006. Androgens modulate the inflammatory response during acute wound healing[J]. J Cell Sci, 119: 722-732.

Giovanni D M, Konstantinos V, Rinaldo B, et al. 2006. 1-MCP controls ripening induced by impact injury on apricots by affecting SOD and POX activities[J]. Postharvest Biology and Technology, 39: 38-47.

Glazebrook J, Chen W, Estes B, et al. 2003. Topology of the network integrating salicylate and jasmonate signal transduction derived from global expression phenotyping[J]. The Plant Journal, 34(2): 217-228.

Godoy A V, Lazzaro A S, Casalongué C A, et al. 2000. Expression of a Solanum tuberosum cyclophilin gene is regulated by fungal infection and abiotic stress conditions[J]. Plant Sci, 152: 123-124.

Gómez A H, Wang J, Pereira A G. 2005. Impulse response of pear fruit and its relation to Magness-Taylor firmness during storage[J]. Postharvest Biology and Technology, 35: 209-215.

Gómez A H, He Y, Pereira A G. 2006. Non-destructive measurement of acidity, soluble solids and firmness of Satsuma mandarin using Vis/NIR-spectroscopy techniques[J]. Journal of Food Engineering, 77: 313-319.

Gómez A H, Wang J, Hu G, et al. 2007. Discrimination of storage shelf-life for mandarin by electronic nose technique[J]. LWT, 40: 681-689.

Goni O, Munoz M, Cabello J R, et al. 2007. Changes in water status of cherimoya fruit during ripening[J]. Postharvest Biology and Technology, 45: 147-150.

Gonzalez J J, Valle R C, Bobroff S B W, et al. 2001. Detection and monitoring of internal browning development in 'Fuji' apples using MRI[J]. Postharvest Biology and Technology, 22: 179-188.

Grun S, Linderma Y R C, Sell S, et al. 2006. Nitric oxide and gene regulation in plants[J]. J Exp Bot, 57(3): 507-516.

Guo W C, Nelson S O, Trabelsi S, et al. 2007. 10-1800 MHz dielectric properties of fresh apples during storage[J]. Journal of Food Engineering, 83: 562-569.

He Y, Fukushige H, Hildebrand D F, et al. 2002. Evidence supporting a role of jasmonic acid in Arabidopsis leaf senescence[J]. Plant Physiology, 128: 876-884.

Heil M, Bostock R M. 2002. Induced systemic resistance(ISR)against pathogens in the context induced plant defences[J]. Annals of Botany, 89: 503-512.

Herde O, Atzorn R, Fisahn J. 1996. Localized wounding by heat initiates the accumulation of proteinase inhibitor Ⅱ in abscisic acid-dificient plants by triggering jasmonic acid biosynthesis[J]. Plant Physiology, 112: 853-860.

Hernández J A, Almansa M S. 2002. Short term effects of salt stress on antioxidant systems and leaf water relations of pea leaves[J]. Physiology Plant, 115: 251-257.

Howe G A. 2001. Cyclopentenone signals for plant defense: Remodeling the jasmonic acid response[J]. Proc Natl Acd Sci USA, 98: 12317-12319.

Howe G A, Schilmiller A L. 2002. Oxylipin metabolism in response to stress[J]. Current Opinion in Plant Biology, 5: 230-236.

Hung K T, Kao C H. 2003. Nitric oxide counteracts the senescence of rice leaves induced by abscisic acid[J]. J Plant Physiol, 160: 871-879.

Huang X, Stettmaier K, Michel C, et al. 2004. Nitric oxide is induced by wounding and influences jasmonic acid signaling in *Arabidopsis thaliana*[J]. Planta, 218: 938-946.

Iglesias B D, Valero C, Ramos F J G, et al. 2006. Monitoring of firmness evolution of peaches during storage by combining acoustic and impact methods[J]. Journal of Food Engineering, 77: 926-935.

Ikediala J N, Tang J, Drake S R, et al. 2000. Dielectric properties of apple cultivars and codling moth larvae[J]. Transactions of the ASAE, 43(5): 1175-1184.

Jemric T, Lurie S, Dumija L, et al. 2006. Heat treatment and harvest date interact in their effect on superficial scald of 'Granny Smith' apple[J]. Scientia Horticulturae, 107: 155-163.

Jiang Y M, Joyce D C. 2003. ABA effects on ethylene production, PAL activity, anthocyanin and phenolic contents of strawberry fruit[J]. Plant Growth Regul, 39: 171-174.

Jiang J A, Chang H Y, Wu K H, et al. 2008. An adaptive image segmentation algorithm for X-ray quarantine inspection of selected fruits[J]. Computers and Electronics in Agriculture, 60: 190-200.

Jih P J, Chen Y C, Jeng S T. 2003. Involvement of hydrogen peroxide and nitric oxide in expression of the ipomoelin gene from sweet potato[J]. Plant Physiol, 132: 381-389.

Jung S K, Watkins C B. 2008. Superficial scald control after delayed treatment of apple fruit with diphenylamine(DPA) and 1-methylcyclopropene(1-MCP)[J]. Postharvest Biology and Technology, 50: 45-52.

Kato K. 1987. Nondestructive measurement of fruits quality by electrical impedance(Part 1)[J]. Research Report on Agricultural Machinery, 17(1): 51-68.

Kerr W L, Clark C J, McCarthy M J, et al. 1997. Freezing effect in fruit tissue of kiwifruit observed by magnetic resonance imaging[J]. Scientia Horticulturae, 69: 169-179.

Kim S, Schatzki T F. 2000. Apple watercore sorting system using x-ray imagery: I[J]. Algorithm development. Transactions of the ASAE, 43(6): 1695-1702.

Kleynen O, Leemans V, Destain M F. 2003. Selection of the most efficient wavelength bands for 'Jonagold' apple sorting[J]. Postharvest Biol Technol, 30: 221-232.

Kleynen O, Leemans V, Destain M F. 2005. Development of a multi-spectral vision system for the detection of defects on apples[J]. J Food Eng, 69: 41-49.

Koiwa H, Bressan R, Hasegawa P. 1997. Regulation of protease inhibitor and plant defense[J]. Trends in Plant Science, 2: 379-384.

Komarov V, Wang S, Tang J. 2005. Encyclopedia of RF and microwave engineering[J]. John Wiley and Sons Inc, 3693-3711.

Kong Z, Li M, Yang W, et al. 2006. A novel nuclear-localized CCCH-type zinc finger protein, OsDOS, is involved in delaying leaf senescence in rice[J]. Plant Physiology, 141: 1376-1388.

Kramell R, Atzorn R, Schneider G, et al. 1995. Occurrence and identification of jasmonic acid and its amino acid conjugates induced by osmotic stress in barley leaf tissue[J]. J Plant Growth Regul, 14: 29-36.

Kunkel B N, Brooks D M. 2002. Cross talk between signaling pathways in pathogen defense[J]. Current Opinion in Plant Biology, 5: 325-331.

Lammertyn J, Dresselaers T, Hecke P V, et al. 2003. Analysis of the time course of core breakdown in 'Conference' pears by means of MRI and X-ray CT[J]. Postharvest Biology and Technology, 29: 19-28.

Lara I, Miró R M, Fuentes T, et al. 2003. Biosynthesis of volatile aroma compounds in pear fruit stored under long-term controlled-atmosphere conditions[J]. Postharvest Biology and Technology, 29: 29-39.

Lebrun M, Plotto A, Goodner K, et al. 2008. Discrimination of mango fruit maturity by volatiles using the electronic nose and gas chromatography[J]. Postharvest Biology and Technology, 48: 122-131.

Lee A, Cho K, Jang S, et al. 2004. Inverse correlation between jasmonic acid and salicylic acid during early wound response in rice[J]. Biochem Biophys Res Commun, 318: 734-738.

Lee H, Leon J, Raskin I. 1995. Biosynthesis and metabolism of salicylic acid[J]. Proc Natl Acad Sci USA, 92: 4076-4079.

Lee J, Parthier B, Loble M. 1996. Jasmonate signaling can be uncoupled from abscisic acid signaling in barley: identification of jasmonate-regulated transcripts which are not induced by abscisic acid[J]. Planta, 199(4): 625-632.

Leemans V, Destain M F. 2004. A real-time grading method of apples based on features extracted from defects[J]. J Food Eng, 61: 83-89.

Leemans V, Magin H, Destain M F. 1999. Defect segmentation on 'Jonagold' apples using colour vision and a Bayesian classification method[J]. Comput Electron Agric, 23: 43-53.

León J, Rojo E, Sanchez-Serrano J J. 2001. Wound signalling in plants[J]. Journal of Experimental Botany, 354(52): 1-9.

Leshem Y Y, Wills R B H, Ku V V V. 1998. Evidence for the function of the free radical gas-nitric oxide(NO)-as an endogenous maturation and senescence regulating factor in higher plants[J]. Plant Physiol Biochem, 36: 825-833.

Létal J, Jirák D, Suderlová L, et al. 2003. MRI 'texture' analysis of MR images of apples during ripening and storage[J]. LWT-Food Science and Technology, 36(7): 719-727.

Li L, Li C, Howe G A. 2001. Genetic analysis of wound signaling in tomato. Evidence for a dual role of jasmonic acid in defense and female fertility[J]. Plant Physiol, 127: 1414-1417.

Li Q Z, Wang M H, Gu W K. 2002. Computer vision based system for apples surface defect detection[J]. Comput Electron Agric, 36: 215-223.

Li J, Brader G, Palva E T. 2004a. The WRKY70 transcription factor: a node of convergence for Jasmonate mediated and salicylate mediated signals in plant defense[J]. Plant Cell, 16: 319-331.

Li L, Zhao Y, McCaig B C, et al. 2004b. The tomato homolog of CORONATINE-INSENSITIVE1 is required for the maternal control of seed maturation, jasmonate-signaled defense responses, and glandular trichome development[J]. The Plant Cell, 16: 126-143.

Li X L, He Y, Fang H. 2007. Non-destructive discrimination of Chinese bayberry varieties using Vis/NIR spectroscopy[J]. Journal of Food Engineering, 81: 357-363.

Li Z F, Wang N, Raghavan G S V, et al. 2009. Ripeness and rot evaluation of 'Tommy Atkins' mango fruit through volatiles detection[J]. Journal of Food Engineering, 91: 319-324.

Li C, Krewer G W, Ji P, et al. 2010. Gas sensor array for blueberry fruit disease detection and classification[J]. Postharvest Biology and Technology, 55: 144-149.

Lichanporn I, Srilaong V, Wongs-Aree C, et al. 2009. Postharvest physiology and browning of longkong(*Aglaia dookkoo* Griff.) fruit under ambient conditions[J]. Postharvest Biology and Technology, 52: 294-299.

Liu Y, Sun X, Ouyang A. 2010. Nondestructive measurement of soluble solids content of navel orange fruit by visible-NIR spectrometric technique with PLSR and PCA-BPNN[J]. LWT-Food Science and Technology, 43(4): 602-607.

Lorenzo O, Solano R. 2005. Molecular players regulating the jasmonate signalling network[J]. Current Opinion in Plant Biology, 8: 532-540.

Lu F, Ishikawa Y, Kitazawa H, et al. 2010. Measurement of impact pressure and bruising of apple fruit using pressure-sensitive film technique[J]. Journal of Food Engineering, 96: 614-620.

Lu R. 2003. Detection of bruises on apples using near-infrared hyperspectral imaging[J]. Trans ASAE, 46: 523-530.

Lu R. 2004. Multispectral imaging for predicting firmness and soluble solids content of apple fruit[J]. Postharvest Biology and Technology, 31: 147-157.

Ma H J, Feng M, Zhang J S. 2010. Dielectric properties of Fuji apple superficial scald in the 100 Hz-3. 98 MHz range[J]. Transactions of the Chinese Society for Agricultural Machinery, 41(11): 105-109.

Ma H J, Song C B, Zhang J S, et al. 2009. Influence of frequency of electric excitation signal on dielectric property of Fuji apples with red-dot disease[J]. Transactions of the Chinese Society for Agricultural Machinery, 40(10): 96-101.

Magdalena A, Jolanta F W. 2007. Nitric oxide as a bioactive signalling molecule in plant stress responses[J]. Plant Science, 172: 876-887.

Mahayothee B, Muhlbauer W, Neidhart S, et al. 2004. Nondestructive determination of maturity of Thai mangoes by near-infrared spectroscopy[J]. Acta Horticulturae, 645: 581-588.

Mandaokar A, Thines B, Shin B, et al. 2006. Transcriptional regulators of stamen development in Arabidopsis identified by transcriptional profiling[J]. The Plant Journal, 46: 984-1008.

Mariappan C R, Govindaraj G. 2006. Electrical properties of $A_{2.6+x}Ti_{1.4-x}Cd(PO_4)_{3.4-x}$(A=Li, K;x = 0.0-1.0)phosphate glasses[J]. Journal of Non-Crystalline Solids, 352: 2737-2745.

Martín-Esparza M E, Martínez-Navarrete N, Chiralt A, et al. 2006. Dielectric behavior of apple(var. Granny Smith) at different moisture contents effect of vacuum impregnation[J]. Journal of Food Engineering, 77: 51-56.

McAinsh M R, Brownlee C, Hetherington A M. 1990. ABA-induced elevation of guard cell cytosolic Ca^{2+} precedes stomatal closure[J]. Nature, 343: 186-188.

McConn M, Creelman R A, Bell E. 1997. Jasmonate is essential for insect defense in Arabidopsis[J]. Proc Natl Acad Sci USA, 94: 5473-5474.

McDougald D, Srinivasan S, Rice S A, et al. 2003. Signal mediated cross talk regulates stress adaptation in Vibrio species[J]. Microbiology, 49: 1923-1933.

McGlone V A, Jordan R B, Martinsen P J. 2002. Vis/NIR estimation at harvest of pre-and post-storage quality indices for 'Royal Gala' apple[J]. Postharvest Biology and Technology, 25(2): 135-144.

McGlone V A, Jordan R B, Seelye R, et al. 2003. Dry-matter—a better predictor of the post-storage soluble solids in apples[J]. Postharvest Biology and Technology, 28(3): 431-435.

McGlone V A, Martinsen P J. 2004. Transmission measurements on intact apples moving at high speed[J]. Journal of Near Infrared Spectroscopy, 12: 37-43.

McGlone V A, Martinsen P J, Clark C J, et al. 2005. On-line detection of Brownheart in Braeburn apples using near infrared transmission measurements[J]. Postharvest Biology and Technology, 37: 142-151.

McGlone V A, Clark C J, Jordan R B. 2007. Comparing density and VNIR methods for predicting quality parameters of yellow-fleshed kiwifruit(*Actinidia chinensis*)[J]. Postharvest Biology and Technology, 46: 1-9.

Mehl P M, Chen Y R, Kim M S, et al. 2004. Development of hyperspectral imaging technique for the detection of apple surface defects and contamination[J]. J Food Eng, 61: 67-81.

Memelink J, Verpoorte R, Kijne J W. 2001. ORCAnization of jasmonate-responsive gene expression in alkaloid metabolism[J]. Trends in Plant Sciences, 6: 212-219.

Menesatti P, Paglia G. 2001. Development of a drop damage index of fruit resistance to damage[J]. J agric Engng Res, 80(1): 53-64.

Menesatti P, Paglia G, Solaini S, et al. 2002. Non-linear multiple regression models to estimate the drop damage index of fruit[J]. Biosystems Engineering, 83(3): 319-326.

Miersch O, Weichert H, Stenzel I, et al. 2004. Constitutive overexpression of allene oxide cyclase in tomato(*Lycopersicon esculentum* cv. Lukullus) elevates levels of jasmonates and octadecanoids in flower organs but not in leaves[J]. Phytochemistry, 65: 847-856.

Mittler R. 2002. Oxidative stress, antioxidants, and stress tolerance[J]. Trends in Plant Science, 7(9): 405-410.

Mizrach A. 2004. Assessing plum fruit quality attributes with an ultrasonic method[J]. Food Res Int, 37: 627-631.

Mizrach A, Galili N, Ganmor S, et al. 1996. A Models of ultrasonic parameters to assess avocado properties and shelf life[J]. Journal of Agricultural Engineering Research, 65(3): 261-267.

Mizrach A, Flitsanov U, Fuchs Y. 1997. An ultrasonic nondestructive method for measuring maturity of mango fruit[J]. Trans ASAE, 40: 1107-1111.

Mizrach A, Bechar A, Grinshpon Y, et al. 2003. Ultrasonic mealiness classification of apples[J]. Transactions of the ASAE, 46(2): 397-400.

Moons A, Prinsen E, Bauw G. 1997. Antagonistic effects of abscisic acid and jasmonates on saltstress-inducible transcripts in rice roots[J]. The Plant Cell, 9: 2243-2259.

Morris K, Mackerness S A H, Page T, et al. 2000. Salicylic acid has a role in regulating gene expression during leaf senescence[J]. Plant J, 23: 677-685.

Muramatsu N, Sakurai N, Yamamoto R, et al. 1997a. Comparison of a non-destructive acoustic method with an intrusive method for firmness measurement of kiwifruit[J]. Postharvest Biol Technol, 12: 221-228.

Muramatsu N, Sakurai N, Wada N, et al. 1997b. Critical comparison of an accelerometer and a laser doppler vibrometer for measuring fruit firmness[J]. Hor Technology, 7: 434-438.

Nakamura Y, Matsubara A, Miyatake R, et al. 2006. Bioactive substances to control nyctinasty of Albizzia plants and its biochemistry[J]. Regulation of Plant Growth & Development, 41(S): 44-69.

Navia-Giné W G, Yuan J S, Mauromoustakos A, et al. 2009. Medicago truncatula(E)-b-ocimene synthase is induced by insect herbivory with corresponding increases in emission of volatile ocimene[J]. Plant Physiology and Biochemistry, 47: 416-425.

Nelson S O. 2003. Frequency and temperature-dependent permittivities of fresh fruits and vegetables from 0.01 to 1.8GHz[J]. Transactions of the ASAE, 46(2): 567-574.

Nelson S O. 2005a. Dielectric spectroscopy in agriculture[J]. Journal of Non-crystalline Solids, 351: 2940-2944.

Nelson S O. 2005b. Dielectric spectroscopy of fresh fruit and vegetable tissues from 10 to 1800 MHz[J]. Journal of Microwave Power & Electromagnetic Energy, 40(1): 31-47.

Nelson S O, Forbes W R, Lawrence K C. 1994a. Microwave permittivities of fresh fruits and vegetables from 0.2 to 20 GHz[J]. Transactions of the ASAE, 37(1): 183-189.

Nelson S, Forbus W J, Lawrence K. 1994b. Permittivities of fresh fruits and vegetables at 0.2 to 20 GHz[J]. Journal of Microwave Power and Electromagnetic Energy, 29(2): 81-93.

Nicolaï B M, Lŏtze E, Peirs A, et al. 2006. Non destructive measurement of bitter pit in apple fruit using NIR hyperspectral imaging[J]. Postharvest Biology and Technology, 40: 1-6.

Niki T, Mitsuhara I, Seo S, et al. 1998. Antagonistic effect of salicylic acid and jasmonic acid on the expression of pathogenesis-related(PR) protein genes in wounded mature tobacco leaves[J]. Plant Cell Physiol, 39: 500-507.

Norman S C, Vidal S, Palva E T. 2000. Interacting signal pathways control defense gene expression in Arabidopsis in response to cell wall degrading enzymes from Erwinia carotovora[J]. Mol Plant Microbe Interact, 13: 430-438.

O'Donnell P J, Calvert C, Atzorn R, et al. 1996. Ethylene as a signal mediating the wound response of tomato plants[J]. Science, 274: 1914-1917.

Orozco-Cárdenas M L, Ryan C A. 2002. Nitric oxide negatively modulates wound signaling in tomato plants[J]. Plant Physiol, 130: 487-493.

Orozco-Cárdenas M L, Narvaez-Vasquez J, Ryan C A. 2001. Hydrogen peroxide acts as a second messenger for the induction of defense genes in tomato plants in response to wounding and methyl jasmonate[J]. Plant Cell, 13: 179-191.

Osborn G S, Lacey R E, Singleton J A. 2001. A method to detect peanut off flavors using an electronic nose[J]. Transaction of the ASAE, 44(4): 929-938.

Pang D W, Studman C J, Banks N H, et al. 1996. Rapid assessment of the susceptibility of apples to bruising[J]. J agric Engng Res, 64: 37-48.

Pasinia L, Ragnia L, Rombol A D, et al. 2004. Influence of the fertilisation system on the mechanical damage of apples[J]. Biosystems Engineering, 88(4): 441-452.

Pathange L P, Mallikarjunan P, Marini R P, et al. 2006. Non-destructive evaluation of apple maturity using an electronic nose system[J]. Journal of Food Engineering, 77: 1018-1023.

Patterson B D, Macrae E A, Ferguson I B. 1984. Estimation of hydrogen peroxide in plant extracts using titanium(IV)[J]. Analytical Biochemistry, 134: 487-492.

Pedranzani H, Racagni G, Alemano S, et al. 2005. Systemic signaling in t he wound response[J]. Curr Opin Plant Biol, 8(4): 369-377.

Pena-Cortés H, Albrecht T, Prat S. 1993. Aspirin prevents wound-induced gene expression in tomato leaves by blocking jasmonic acid biosynthesis[J]. Planta, 191(1): 123-128.

Pena-Cortés H, Willmitzer L. 1995. The role of hormones in gene acti-vation in response to wounding. In: Davis PJ(ed). Plant Hor-mones: Physiology, Biochemistry and Molecular Biology[M]. Dor-drecht, The Netherlands: Kluwer Academic Publishers, 395-414.

Pena-Cortés H, Prat S, Atzorn R. 1996. Abscisic acid-deficient plants do not accumulate proteinase inhibitor Ⅱ following system in treatment[J]. Planta, 198: 447-451.

Penninckx I A M A, Eggermont K, Terras F R G, et al. 1996. Pathogen-induced systemic activation of a plant defensin gene in Arabidopsis follows a salicylic acid-independent pathway[J]. Plant Cell, 8: 2309-2323.

Penninckx I A M A, Thomma B P H J, Buchala A, et al. 1998. Concomitant activation of jasmonate and ethylene response pathways is required for induction of a plant defensin gene in *Arabidopsis*[J]. Plant Cell, 10: 2103-2113.

Pérez-Marín D, Sáncheza M T, Paza P, et al. 2009. Non-destructive determination of quality parameters in nectarines during on-tree ripening and postharvest storage[J]. Postharvest Biology and Technology, 52: 180-188.

Pieterse C M J, Schaller A, Mauch-Mani B, et al. 2006. Signaling in plant resistance responses: divergence and cross-talk of defense pathways. In: Tuzun S, Bent E, eds. Multigenic and induced systemic resistance in plants[M]. New York: Springer, 166-196.

Quevedo R, Mendoza F, Aguilera J M, et al. 2008. Determination of senescent spotting in banana(*Musa cavendish*) using fractal texture Fourier image[J]. Journal of Food Engineering, 84: 509-515.

Ragni L, Berardinelli A. 2001. Mechanical behaviour of apples, and damage during sorting and packaging[J]. J Agric Engng Res, 78(3): 273-279.

Ragni L, Al-Shami A, Mikhaylenko G, et al. 2007. Dielectric characterization of hen eggs during storage[J]. Journal of Food Engineering, 82: 450-459.

Rao M V, Paliyath G, Ormrod D P. 1996. Ultraviolet-B and ozone-induced biochemical changes in antioxidant enzymes of Arabidopsis thaliana[J]. Plant Physiology, 110: 125-136.

Renfu L. 2001. Predicting firmness and sugar content of sweet cherries using Near-Infrared diffuse reflectance spectroscopy[J]. Transactions of the ASAE, 44(5): 1265-1271.

Reymond P, Farmer E E. 1998. Jasmonate and salicylate as global signals for defense gene expression[J]. Current Opinion in Plant Biology, 1: 404-411.

Reymond P, Weber H, Damond M. 2000. Deferential gene expression in response to mechanical wounding and insect feeling in Arabidopsis[J]. Plant Cell, 12: 707-719.

Rojo E, Leon J, Sanchez-Serrano J J. 1999. Cross-talk between wound signalling pathways determines local versus systemic gene expression in Arabidopsis thaliana[J]. Plant J, 20: 135-142.

Rotem R, Heyfets A, Fingrut O, et al. 2005. Jasmonates: novel anticancer agents acting directly and selectively on human cancer cell mitochondria[J]. Cancer Research, 65: 1984-1993.

Rudell D R, Mattheis J P. 2009. Superficial scald development and related metabolism is modified by postharvest light irradiation[J]. Postharvest Biology and Technology, 51: 174-182.

Saevels S, Lammertyn J, Berna A Z, et al. 2003. Electronic nose as a non-destructive tool to evaluate the optimal harvest date of apples[J]. Postharvest Biology and Technology, 30: 3-14.

Salzman R A, Brady J A, Finlayson S A, et al. 2005. Transcriptional profiling of sorghum induced by methyl jasmonate, salicylic acid, and aminocyclopropane carboxylic acid reveals cooperative regulation and novel gene responses[J]. Plant Physiol, 138: 352-368.

Sanchis J G, Moltó E, Valls G C, et al. 2008. Automatic correction of the effects of the light source on spherical objects. An application to the analysis of hyperspectral images of citrus fruits[J]. Journal of Food Engineering, 85: 191-200.

Sano H S, Ohaslti Y. 1995. Involvement of small GTP-binding protein in defense signal-transduction pathways of higher plants[J]. Proc Natl Acad USA, 92: 4138-4144.

Santonico M, Bellincontro A, Santis D D, et al. 2010. Electronic nose to study postharvest dehydration of wine grapes[J]. Food Chemistry, 121(3): 789-796.

Schenk P M, Kazan K, Wilson I, et al. 2000. Coordinated plant defense responses in Arabidopsis revealed by microarray analysis[J]. Proc Natl Acad Sci USA, 97: 11655-11660.

Schmilovitch Z, Mizrach A, Hoffman A, et al. 2000. Determination of mango physiological indices by near-infrared spectrometry[J]. Postharvest Biology and Technology, 19(3): 245-252.

Seo S, Okamoto M, Seto H, et al. 1995. Tobacco MAP kinase: A possible mediator in wound signal transduction pathways[J]. Science, 270: 1988-1992.

Seok-Kyu J, Chris B. 2008. Watkins Superficial scald control after delayed treatment of apple fruit with diphenylamine(DPA) and 1-methylcyclopropene(1-MCP)[J]. Postharvest Biology and Technology, 50: 45-52.

Shah J, Kachroo P, Nandi A, et al. 2001. A recessive mutation in the Arabidopsis SSI2 gene confers SA and NPR1-independent expression of PR genes and resistance against bacterial and oomycete pathogens[J]. Plant J, 25: 563-574.

Shahin M A, Tollner E W. 1997. Apple classification based on water-core features using fuzzy logic[J]. Paper American Society of Agricultural Engineers, (1): 973-977.

Shahin M A, Tollner E W, Evans M D, et al. 1999. Water-core features for sorting red delicious apples: a statistical approach[J]. Transactions of the ASAE, 42(6): 1889-1896.

Shahin M A, Tollner E W, McClendon R W, et al. 2002. Apple classification based on surface bruises using image processing and neural networks[J]. Transactions of the ASAE, 45(5): 1619-1627.

Shakirova F M, Sakhabutdinova A R, Bezrukova M V, et al. 2003. Changes in the hormonal status of wheat seedlings induced by salicylic acid and salinity[J]. Plant Science, 164: 317-322.

Shaller E, Bosset J O, Escher F. 1998. Electronic nose and their application to food[J]. LWT-Food Science and Technology, 31(4): 305-316.

Shoji T, Nakajima K, Hashimoto T. 2000. Ethylene suppresses jasmonate-induced gene expression in nicotine biosynthesis[J]. Plant and Cell Physiology, 41: 1072-1076.

Simon J E, Hetzroni A, Bordelon B. 1996. Electronic sensing of aromatic volatiles for quality sorting of blueberries[J]. Journal of food Science, 61: 967-972.

Sinelli N, Spinardi A, EgidioV D, et al. 2008. Evaluation of quality and nutraceutical content of blueberries(*Vaccinium corymbosum* L.) by near and mid-infrared spectroscopy[J]. Postharvest Biology and Technology, 50: 31-36.

Sohn M R, Rae K C. 2000. Possibility of nondestructive evaluation of pectin in apple fruit using near-infrared reflectance spectroscopy[J]. J Korean Soc Hort Sci, 41: 65-70.

Song L L, Gao H Y, Chen H J, et al. 2009. Effects of short-term anoxic treatment on antioxidant ability and membrane integrity of postharvest kiwifruit during storage[J]. Food Chemistry, 114: 1216-1221.

Sosa-Morales M E, Tiwari G, Wang S, et al. 2009. Dielectric heating as a potential post-harvest treatment of disinfesting mangoes, Part I: Relation between dielectric properties and ripening[J]. Biosystemsengineering, 103: 297-303.

Srivastava M K, Dwivedi U N. 2000. Delayed ripening of banana fruit by salicylic acid[J]. Plant Sci, 158: 87-96.

Stijn S, Jeroen L, Berna A Z. 2003. Electronic nose as a non-destructive tool to evaluate the optimal harvest date of apples[J]. Postharvest Biology and Technology, 30: 3-14.

Stintzi A, Weber H, Reymond P, et al. 2001. Plant defense in the absence of jasmonic acid: the role of cyclopentenones[J]. Proceedings of the National Academy of Sciences of the USA, 98: 12837-12842.

Sugiyama J. 2001. Application of non-destructive portable firmness tester to pears[J]. Food Sci Technol Res, 7: 161-163.

Sugiyama J, Katsurai T, Hong J, et al. 1998. Melon ripeness monitoring by a portable firmness tester[J]. Trans ASAE, 41: 121-127.

Taehyun A, Gopinadhan P, Dennis P. 2007. Antioxidant enzyme activities in apple varieties and resistance to superficial scald development[J]. MurrFood Research International, 40: 1012-1019.

Taglienti A, Massantini R, Botondi R, et al. 2009. Postharvest structural changes of Hayward kiwifruit by means of magnetic resonance imaging spectroscopy[J]. Food Chemistry, 114: 1583-1589.

Tanigaki K, Fujiura T, Akase A, et al. 2008. Cherry-harvesting robot[J]. Computers and Electronics in Agriculture, 63(1): 65-72.

Taniwaki M, Hanada T, Tohro M, et al. 2009. Non-destructive determination of the optimum eating ripeness of pears and their texture measurements using acoustical vibration techniques[J]. Postharvest Biology and Technology, 51: 305-310.

Terasaki S, Sakurai N, Wada N, et al. 2001a. Analysis of the vibration mode of apple tissue using electronic speckle pattern interferometry[J]. Trans ASAE, 44: 1697-1705.

Terasaki S, Sakurai N, Yamamoto R, et al. 2001b. Changes in cell wall polysaccharides of kiwifruit and the visco-elastic properties detected by a laser Doppler method[J]. J Jpn Soc Hortic Sci, 70: 572-580.

Terasaki S, Wada N, Sakurai N, et al. 2001c. Nondestructive measurement of kiwifruit ripeness using a laser doppler vibrometer[J]. Trans ASAE, 44: 81-87.

Terasaki S, Sakurai N, Zebrowski J, et al. 2006. Laser Doppler vibrometer analysis of changes in elastic properties of ripening 'La France' pears after postharvest storage[J]. Postharvest Biol Technol, 42: 198-207.

Theologis A, Laties G G. 1980. Membrane lipid breakdown in relation to the wound-induced and cyanide-resistant respiration in tissue slics[J]. Plant Physiol, 66: 890-896.

Theologis A, Laties G G. 1981. Wound-induced membrane lipid breakdown in potato tuber[J]. Plant Physiol, 68: 53-58.

Thomas P, Kannan A, Degwekar V H, et al. 1995. Non-destructive detection of seed weevil-infested mango fruits by X-ray imaging[J]. Postharvest Biology and Technology, 5: 161-165.

Tuominen H, Overmyer K, Keinanen M, et al. 2004. Mutual antagonism of ethylene and jasmonic acid regulates ozone-induced spreading cell death in *Arabidopsis*[J]. The Plant Journal, 39: 59-69.

Valente M, Leardi R, Self G, et al. 2009. Multivariate calibration of mango firmness using vis/NIR spectroscopy and acoustic impulse method[J]. Journal of Food Engineering, 94: 7-13.

Valero C, Ruiz-Altisent M, Cubeddu R, et al. 2004. Selection models for the internal quality of fruit, based on time domain laser reflectance spectroscopy[J]. Biosystems Engineering, 88(3): 313-323.

Van Z M, Tijskens E, Dintwa E, et al. 2006. The discrete element method(DEM) to simulate fruit impact damage during transport and handling: Case study of vibration damage during apple bulk transport[J]. Postharvest Biology and Technology, 41: 92-100.

Varith J, Hyde G M, Baritelle A L, et al. 2003. Non-contact bruise detection in apples by thermal imaging[J]. Innovative Food Science and Emerging Technologies, 4: 211-218.

Verberne M C, Brouwer N, Delbianco F. 2002. Method the extraction of the volatile compound salicylic acid from leaf material[J]. Ptochem Anal, 13: 45-50.

Wang A G, Luo G H. 1990. Quantitative relation between the reaction of hydroxylamine and superoxide anion radicals in plants[J]. Plant Physiology Communications, 6: 55-57.

Wang C, Zien C A, Afitlhile M, et al. 2000. Involvement of phospholipase D in wound induced accumulation of jasmonic acid in Arabidopsis[J]. Plant Cell, 12: 2237-2246.

Wang S, Tang J, Johnson J A, et al. 2003. Dielectric properties of fruits and insect pests as related to radio frequency and microwave treatments[J]. Biosystems Engineering, 85(2): 201-212.

Wasternack C. 2007. Jasmonates: An update on biosynthesis, signal transduction and action in plant stress response, growth and development[J]. Annals of Botany, 100: 681-697.

Wasternack C, Parthier B. 1997. Jasmonate-signalled plant gene expression[J]. Trends in Plant Science, 2(8): 302-307.

Wasternack C, Stenzel L, Hause B, et al. 2006. The wound response in tomato-role of jasmonic acid[J]. J Plant Physiol, 163: 297-306.

Watada A E, Abe K, Yamuchi N. 1990. Physiological activities of partially processed fruits and vegetables[J]. Food Technol, 5: 112-116.

Watanabe T, Sakai S. 1998. Effects of active oxygen species and methyl jasmonate on expression of the gene for a wound inducible 1-aminocyclopropane-1-carboxylate synthase in winter squash(*Cucurbita maxima*)[J]. Planta, 206: 570-576.

Watanabe T, Fujita H, Sakai S. 2001a. Effects of jasmonic acid and ethylene on the expression of three genes for wound inducible 1-aminocyclopropane-1-carboxylate synthase in winter squash(*Cucurbita maxima*)[J]. Plant Science, 161: 67-75.

Watanabe T, Seo S, Sakai S. 2001b. Wound-induced expression of a gene for 1-aminocyclopropane-1-carboxylate synthase and ethylene production are regulated by both reactive oxygen species and jasmonic acid in *Cucurbita maxima*[J]. Plant Physiology and Biochemistry, 39(2): 121-127.

Whitaker B D, Villalobos A M, Mitcham E J, et al. 2009. Superficial scald susceptibility and farnesene metabolism in 'Bartlett' pears grown in California and Washington[J]. Postharvest Biology and Technology, 53: 43-50.

Wojtaszek P. 2000. Nitric oxide in plants-to NO or not to NO[J]. Phytochem, 54(1): 1-4.

Wu L, Ogawa Y, Tagawa A. 2008. Electrical impedance spectroscopy analysis of eggplant pulp and effects of drying and freezing-thawing treatments on its impedance characteristics[J]. Journal of Food Engineering, 87: 274-280.

Xie D, Feys B F, James S, et al. 1998. COI1: an Arabidopsis gene required for jasmonate regulated defense and fertility[J]. Science, 280: 1091-1094.

Xing J, Baerdemaeker J D. 2005. Bruise detection on 'Jonagold' apples using hyperspectral imaging[J]. Postharvest Biol Technol, 37: 152-162.

Xing J, Landahl S, Lammertyn J, et al. 2003. Effects of bruise type on discrimination of bruised and non-bruised 'Golden Delicious' apples by VIS/NIR spectroscopy[J]. Postharvest Biol Technol, 30: 249-258.

Xing J, Bravo C, Jancsok P T, et al. 2005a. Detecting bruises on 'Golden Delicious' apples using hyperspectral imaging with multiple wavebands[J]. Biosyst Eng, 90: 27-36.

Xing J, Linden V V, Vanzeebroeck M, et al. 2005b. Bruise detection on Jonagold apples by visible and near-infrared spectroscopy[J]. Food Control, 16: 357-361.

Xing J, Bravo C, Moshou D, et al. 2006. Bruise detection on 'Golden Delicious' apples by vis/NIR spectroscopy[J]. Comput Electron Agric, 52: 11-20.

Xing J, Saeys W, Baerdemaeker J D. 2007. Combination of chemometric tools and image processing for bruise detection on apples[J]. Computers and Electronics in Agriculture, 56: 1-13.

Xu Y, Chang P L C, Liu D, et al. 1994. Plant defense genes are synergistically induced by ethylene and methyl jasmonate[J]. Plant Cell, 6: 1077-1085.

Young H, Rossiter K, Wang M, et al. 1999. Characterization of Royal Gala apple aroma using electronic nose technology-potential maturity indicator[J]. Journal of Agriculture and Food Chemistry, 47: 5173-5177.

Zanella A. 2003. Control of apple superficial scald and ripening a comparison between 1-methylcyclopropene and diphenylamine postharvest treatments, initial low oxygen stress and ultra low oxygen storage[J]. Postharvest Biology and Technology, 27: 69-78.

Zeebroeck M V, Tijskens E, Dintwa E, et al. 2006. The discrete element method(DEM) to simulate fruit impact damage during transport and handling: Model building and validation of DEM to predict bruise damage of apples[J]. Postharvest Biology and Technology, 41: 85-91.

Zeebroeck M V, Linden V V, Ramon H, et al. 2007. Impact damage of apples during transport and handling[J]. Postharvest Biology and Technology, 45: 157-167.

Zeebroeck M V, Linden V V, Darius P, et al. 2007b. The effect of fruit factors on the bruise susceptibility of apples[J]. Postharvest Biology and Technology, 46: 10-19.

Zemojtel T, Frohlich A, Palmieri M C, et al. 2006. Plant nitric oxide synthase: a never-ending story[J]. Trends Plant Sci, 11: 524-525.

Zhang Z P, Baldwin I T. 1997. Transport of jasmonic acid from leaves to roots mimics wound-induced changes in endogenous jasmonic acid pools in *Nicotiana sylvestris*[J]. Planta, 203(4): 436-441.

Zhang S, Klessig D F. 1998. Resistance gene N-mediated de novo synthesis and activation of a tobacco mitogen-activated protein kinase by tobacco mosaic virus infection[J]. Proc Natl Acad Sci USA, 95: 7433-7438.

Zhang H Y, Xie X Z, Xu Y Z, et al. 2004. Isolation and functional assessment of a tomato proteinase inhibitor II gene[J]. Plant Physiology and Biochemistry, 42: 437-444.

Zhang J H, Huang W D, Pan Q H, et al. 2005. Improvement of chilling tolerance and accumulation of heat shock proteins in grape berries(*Vitis vinifera* cv. Jingxiu) by heat pre-treatment[J]. Postharvest Biology and Technology, 38: 80-90.

Zhang H, Wang J, Ye S. 2008. Predictions of acidity, soluble solids and firmness of pear using electronic nose technique[J]. Journal of Food Engineering, 86: 370-378.

Zhang M I N, Stout D G, Willison J H M. 1990. Electrical impedance analysis in plant tissues: symplasmic resistance and membrane capacitance in the Hayden model[J]. Journal of Experimental Botany, 41(224): 371-380.

Zhang Y Y, Wang L L, Liu Y L, et al. 2006. Nitric oxide enhances salt tolerance in maize seedlings through increasing activities of proton-pump and Na^+/H^+ antiport in the tonoplast[J]. Planta, 224: 545-555.

Zhao M G, Tian Q Y, Zhang W H. 2007. Nitric oxide synthase dependent nitric oxide production is associated with salt tolerance in Arabidopsis[J]. Plant Physiol, 144: 206-217.

Zion B, Chen P, McCarthy M J. 1995. Detection of bruises in magnetic resonance images of apples[J]. Comput Electron Agric, 13: 289-299.

Zou X L, Shen Q J, Neuman D. 2007. An ABA inducible WRKY gene integrates responses of creosote bush(*Larrea tridentata*) to elevated CO_2 and abiotic stresses[J]. Plant Science, 172: 997-1004.

Zude M, Bernd H, Roger J M, et al. 2006. Non destructive tests on prediction of apple fruit flesh firmness and soluble content on tree and shelf-life[J]. J Food Eng, 77: 254-260.

Zwiggelaar R, Yang Q S, Pardo E G, et al. 1996. Use of spectral information and machine vision for bruise detection on peaches and apricots[J]. Journal of Agricultural Engineering Research, 63(4): 323-331.

附录　主要电学参数及其含义

复阻抗（the impedance，Z）：指由电阻、电容和电感组成的生物体等效复合电路中电阻与电抗的总和。

阻抗相角（impedance phase angle，θ或 deg）：用电阻和电抗的比值来表示，单位是°。它等于电抗除以电阻的反正切。

电纳（susceptance，B）：是交流电流经电容或电感的简称，按性质可分为容纳和感纳，在电力电子学中被定义为电抗的倒数。

电导（conductance，G）：是反映电介质传输电流能力强弱的参数，与生物体的电导率和几何形状及尺寸有关。

等效阻抗：它是相对于一定频率的交变信号来说的。在交变电场中，除了电阻会阻碍电流以外，电容及电感也会阻碍电流的流动，因而，它是电阻、电容抗及电感抗在向量上的和。它分为并联等效阻抗（effective resistance in parallel equivalent circuit mode，R_p）和串联等效阻抗（effective resistance in series equivalent circuit mode，R_s）。

等效电容：它反映的是在给定电位差下的电荷储藏量。一般来说，电荷在电场中会受力而移动，当导体之间有了介质，则阻碍了电荷移动从而使得电荷累积在导体上，造成电荷的累积储存。它分为并联等效电容（static capacitance in parallel equivalent circuit mode，C_p）和串联等效电容（static capacitance in series equivalent circuit mode，C_s）。

损耗系数（loss coefficient，D）：是生物材料在电场作用下，由于介质电导和介质极化的滞后效应，在其内部引起的能量损耗。

电抗（reactance，X）：反映的是生物体等效复合电路中电容及电感对电流的阻碍作用。

电感（inductance）：电路中的任何电流，会产生磁场，磁场的磁通量又作用于电路上。依据楞次定律，此磁通会借由感应出的电压（反电动势）而倾向于抵抗电流的改变。磁通改变量对电流改变量的比值称为自感，自感通常也就直接称作是这个电路的电感。电感的作用是阻碍电流的变化，但是这种作用与电阻阻碍电流流通作用是有区别的。电阻阻碍电流流通作用是以消耗电能为其标志，而电感阻碍电流的变化则纯粹是不让电流变化。当电流增加时，电感阻碍电流的增加；当电流减小时，电感阻碍电流的减小。它分为并联等效电感（inductance in parallel equivalent circuit mode，L_p）和串联等效电感（inductance in series equivalent circuit mode，L_s）

品质因数（Q factor，Q）：也称Q值，是衡量电感器质量的主要参数。它是指电感器在某一频率的交流电压下工作时，所呈现的感抗与其等效损耗电阻之比。电感器的Q值越高，其损耗越小，效率越高。

导纳（admittance，Y）：它是电导和电纳的统称，在电力电子学中它被定义为阻抗的倒数。